Mammifères

Texte. Pag. 17 et suivantes.

Planches. Planches 2 à 4, 8 à 20, 23 et suivantes.

L'ORGANISATION

DU

RÈGNE ANIMAL

PAR

ÉMILE BLANCHARD

~~30e LIVRAISON~~

MAMMIFÈRES.

Livraisons 1-3.

1860 - 1864.

A PARIS

CHEZ L'AUTEUR, 161, RUE SAINT-JACQUES

CHEZ VICTOR MASSON
17, PLACE DE L'ÉCOLE DE MÉDECINE.

CHEZ J.-B. BAILLIÈRE
19, RUE HAUTEFEUILLE.

CLASSE DES MAMMIFÈRES.

MAMMALIA.

CONSIDÉRATIONS GÉNÉRALES.

Les Mammifères présentent en commun plusieurs caractères généraux d'une importance si considérable, que les limites de la classe se sont trouvées nettement tracées dès l'époque où les zoologistes ont eu acquis des connaissances un peu précises touchant l'organisation de la plupart des grands types d'Animaux vertébrés.

Non-seulement les savants de l'antiquité et du moyen âge, mais encore les auteurs des seizième et dix-septième siècles, beaucoup même de ceux du dix-huitième, désignaient les Mammifères sous le nom de Quadrupèdes. Ce nom ne s'appliquait point à tous les Mammifères, et offrait en outre le désavantage de convenir au plus grand nombre des Reptiles. Les Reptiles étaient alors distingués par la dénomination de *Quadrupèdes ovipares*, encore employée dans des écrits d'une date peu ancienne (1). Jusqu'à la période scientifique qui s'ouvre avec Linné, les Mammifères étaient : les animaux à sang chaud, pourvus de quatre pieds, ayant le corps revêtu de poils, et destinés à vivre sur terre ou à n'habiter l'eau que par intervalles.

De la sorte, se trouvaient exclues du groupe les Chauves-Souris, douées de la faculté de s'élever dans l'air, à la manière des oiseaux. Les Chauves-Souris étaient pour tout le monde des oiseaux d'une nature étrange. On peut consulter à ce sujet les œuvres de Scaliger (2), de Belon (3), d'Aldrovandi (4) et de beaucoup d'autres. Se trouvaient également exclus de la division des Quadrupèdes les Dauphins et les Baleines, ces grands animaux marins que depuis longtemps on appelle les Cétacés. Ceux-ci, à raison de leur forme générale et de leur séjour permanent au sein des eaux, étaient classés parmi les Poissons.

Mais vient Linné, qui s'attache à un caractère d'une tout autre valeur que la forme générale ou que le genre de vie; il a égard à la présence des mamelles. Dès ce moment la classe des Mammifères (*Mammalia*) est constituée.

(1) *Histoire naturelle des Quadrupèdes ovipares* : tel est le titre bien connu de l'un des ouvrages du comte de Lacépède, publié en 1788.

(2) Avis cum dentibus, sine rostro, cum mammis, cum lacte, pullos etiam inter volandum gerit. — *Aristotelis Historia de Animalibus*. J. C. Scaligero interprete *ejusdem cum Commentariis*. p. 44. — Tolosæ (1619) (*ouvrage posthume*).

(3) *Histoire de la nature des Oiseaux*, etc., p. 146. — Paris (1555).

(4) Ulyssis Aldrovandi *Ornithologiæ*, etc., t. I. p. 571. Bononiæ (1599).

Les Mammifères sont les Animaux vertébrés, vivipares, pourvus de mamelles, qui ont le sang chaud et la respiration aérienne. Leur respiration est toujours localisée dans les poumons. Leur circulation est double, le cœur étant partagé en quatre cavités : deux ventricules et deux oreillettes. Leur corps est le plus souvent revêtu de poils.

Ces caractères appartiennent à l'homme aussi bien qu'à tous les animaux pourvus de mamelles. L'homme se trouve ainsi rangé, par tous les méthodistes, dans la classe des Mammifères. En se fondant sur les attributs physiques et sur la constitution organique, aucun naturaliste, en effet, ne peut se croire autorisé à l'en séparer. Nous ne traitons pas de l'organisation de l'homme dans cette partie de notre ouvrage, par la raison que cette partie de la science offre un caractère de spécialité que lui ont donné les études entreprises en vue de l'art de guérir, et aussi les études nées du besoin senti par l'homme de se connaître lui-même, et surtout par la raison que l'exposition d'un tel sujet réclame une étendue trop considérable pour n'être pas l'objet d'un livre à part.

Il nous faut établir ce point; car, si dans tous les temps beaucoup d'esprits se sont en quelque sorte révoltés contre l'idée d'une association de l'homme avec les animaux qui s'en rapprochent le plus par toutes les parties de l'organisme, depuis l'époque de Linné, les zoologistes, en général, s'appuyant sur des faits irrécusables, n'ont tenu aucun compte des répugnances manifestées par des écrivains le plus souvent étrangers à la science. De nos jours, cependant, plusieurs savants pensent que l'homme, par ses facultés intellectuelles, est isolé dans la création; qu'il ne doit, en aucune manière, être associé aux animaux et qu'on doit le considérer comme formant à lui seul un *Règne*. Ce n'est point pour nous le lieu d'entrer dans une discussion à cet égard. Qu'il nous suffise de rappeler que cette thèse a été développée avec un grand talent et avec une connaissance entière des faits, comme de toutes les opinions des auteurs, par notre savant professeur M. Isidore Geoffroy Saint-Hilaire (1).

*

Les Mammifères ont un nombre de représentants assez limité, si on les compare sous ce rapport aux animaux de beaucoup d'autres classes. Leurs espèces actuellement vivantes, décrites par les naturalistes, ne dépassent pas le chiffre de seize à dix-sept cents. Les types de très-grande taille particulièrement sont représentés par un nombre d'espèces fort restreint. Les débris des périodes géologiques exhumés jusqu'à présent accroissent déjà d'une façon très-notable la série des Mammifères, et, à n'en pas douter, les recherches ultérieures produiront encore une grande augmentation. Les formes vraiment typiques sont très-multipliées dans cette classe du Règne animal, relativement au nombre des espèces. Une étude générale de l'organisation des Mammifères devient ainsi un champ extrêmement vaste.

*

Avant de constater l'état actuel de nos connaissances touchant l'organisation des Mammifères et de passer en revue les travaux qui ont élevé ces connaissances au point où nous les trouvons, il n'est pas inutile de voir sous quels aspects divers les zoologistes ont envisagé les rapports qui unissent ces animaux les uns aux autres. On aura de la sorte, par la comparaison, une idée nette de la valeur des vues qui se sont fait jour suivant les époques de la science et des progrès qui se sont accomplis.

(1) *Histoire naturelle générale des Règnes organiques*. t. 2, p. 167, chap. VII. — Des caractères qui distinguent l'homme des animaux, et du Règne humain. — Paris (1856).

*

On sait comment les anciens considéraient les Mammifères par les écrits d'Aristote. Le grand naturaliste de la Grèce antique ne songe pas à établir parmi les animaux des groupes, comme le font les zoologistes modernes, surtout lorsqu'il s'agit de divisions secondaires. Il remarque qu'on peut séparer les animaux d'après leur genre de vie, leurs mœurs et leurs parties. A l'égard des Quadrupèdes vivipares (1), il montre les distinctions qu'on est conduit à faire par la considération de la forme de leurs membres, par la nature de leur système dentaire, par le nombre et la situation de leurs mamelles, par la présence ou l'absence de cornes, etc., sans du reste s'occuper des coïncidences entre les modifications dont il parle.

Aristote distingue chez les Quadrupèdes vivipares ceux dont les doigts sont séparés les uns des autres et armés d'ongles ou de griffes, et ceux dont les doigts sont réunis et enfermés dans un sabot. Parmi les premiers, il reconnaît plusieurs types caractérisés par le système dentaire. Ici, les dents de devant ont un bord tranchant et les dents postérieures ont une surface élargie propre à triturer : ce sont les Singes, « dont la nature, dit-il, tient de l'homme et des Quadrupèdes » ; là, les dents en forme de scie sont propres à manger de la chair et les ongles sont acérés, ce sont les carnivores; ailleurs, les dents canines manquent, ce sont nos Rongeurs. Les Quadrupèdes à sabot sont distingués : en espèces à sabots multiples comme l'Éléphant, caractérisé encore par son système dentaire; en espèces à deux sabots, les Ruminants, qui aussi manquent de dents sur le devant de la bouche; en espèces à sabot simple, les Solipèdes, c'est-à-dire le Cheval et l'Ane. Le Porc, suivant l'auteur de l'*Histoire des Animaux*, peut être classé avec les unes ou les autres, car on croit qu'en certaines contrées cet animal a le sabot d'une seule pièce. Les Chameaux lui paraissent suffisamment reconnaissables entre tous les Quadrupèdes par leurs bosses. Enfin, parmi les Quadrupèdes, le Stagyrite compte encore les Amphibies, comme le Phoque, « dont toutes les dents sont en forme de scie, sans doute parce qu'il fait le » passage des Quadrupèdes aux Poissons, qui ont en général les dents conformés de la sorte ».

Pour Aristote, les Chauves-Souris, surtout caractérisées par leurs ailes de peau, sont des êtres ambigus, tenant de la nature de l'Oiseau et de celle du Quadrupède (2).

Les Cétacés ou les Baleines et les Dauphins sont des animaux d'un type particulier, analogues aux Quadrupèdes par leur mode de respiration et semblables aux Poissons par leur forme extérieure comme par leur séjour continuel dans l'eau.

L'homme représente au milieu de la création une division particulière, celle des Bipèdes.

On a voulu souvent faire à Aristote un grand mérite de ses distinctions des différents animaux; l'importance de ces distinctions a sans doute été un peu exagérée; la plupart, en effet, sont de la catégorie de celles qui ont dû frapper les yeux de tous les hommes portant quelque attention sur les êtres dont ils se trouvaient entourés.

*

Au seizième siècle les études scientifiques, si longtemps délaissées, reprennent faveur; mais pour l'objet que nous examinons en ce moment, nous n'avons pas à nous arrêter aux écrits des savants de l'époque de la Renaissance.

*

Jean Rai, ce naturaliste anglais devenu célèbre par ses essais de classification zoologique, est le

(1) Τετράποδα ζωοτόκα.

(2) Δερμόπτερα.

premier que nous ayons à mentionner ici comme méthodiste. A la fin du dix-septième siècle, ce savant mit au jour un livre dans lequel les Mammifères sont groupés presque exclusivement d'après leurs caractères extérieurs (1). L'auteur est évidemment imbu des écrits d'Aristote, mais déjà il est entré dans la voie du progrès. J. Rai n'ignore plus que les Quadrupèdes vivipares diffèrent des Quadrupèdes ovipares par la conformation de leur cœur. S'occupant des premiers, il les partage d'abord en deux groupes principaux : les Ongulés (*Ungulata*) qui ont des sabots, et les Onguiculés (*Unguiculata*) qui sont pourvus d'ongles. La première division comprend trois sections : 1° les Solipèdes (*Solipeda*), c'est-à-dire le Cheval, l'Ane, le Zèbre; 2° les Bisulces (*Bisulca*) ou pieds fourchus, distingués en Ruminants à cornes persistantes, comme les Bœufs, les Chèvres, les Moutons; en Ruminants à cornes caduques, comme les Cerfs; et en espèces qui ne ruminent pas, telles que les Cochons; 3° les Quadrisulces (*Quadrisulca*) ayant les pieds séparés en quatre parties, comme le Rhinocéros et l'Hippopotame. La seconde division primaire, celle des Onguiculés, a également ses subdivisions. Ses représentants sont en premier lieu distingués suivant que leur pied est bifide comme chez les Chameaux, ou multifide comme chez une suite de Quadrupèdes dans laquelle notre auteur établit des catégories.

Les uns ont les doigts adhérents, recouverts par un tégument commun et deviennent distincts à leur extrémité seulement, où ils présentent des ongles obtus; l'Éléphant en est l'exemple. Les autres ont les doigts plus ou moins séparés.

Parmi ces derniers, il y a ceux dont les ongles sont aplatis, c'est-à-dire les Singes (*Simiæ*), et ceux dont les ongles sont étroits, auxquels se rattachent : 1° les espèces pourvues d'incisives multiples, qui sont carnivores ou insectivores; 2° les espèces n'ayant que deux incisives très-grandes, dont la nourriture est toute végétale.

Les premières sont ensuite séparées d'après la taille; ce sont : les grandes (*Majora*), qu'on distingue entre elles d'après la longueur du museau, court dans les Chats (*Felinum genus*), avancé chez les Chiens (*Genus caninum. — Canis, Lutra, Phoca*), et les petites (*Minora*), dont le corps est long et grêle; les Vermiformes (*Vermineum genus seu Mustelinum*).

Les Quadrupèdes dont les mâchoires portent en avant deux longues incisives constituent le genre des Lièvres (*Leporinum genus. — Lepus, Hystrix, Castor, Sciurus, Mus*).

Enfin, notre auteur relègue après tous les autres les Quadrupèdes *anomaux*, à pied multifide, le Hérisson (*Echinus terrestris*), le Tatou (*Tatou sive Armadillo*), la Taupe (*Talpa*), la Musaraigne (*Mus araneus*), le Tamandua (genre *Myrmecophaga*), la Chauve-Souris (*Vespertilio*) et le Paresseux (*Aï*). Les cinq premiers ont le museau avancé comme dans le genre des Chiens ou celui des Vermiformes, dont ils diffèrent par la disposition des dents; le Tamandua en est entièrement privé. Les deux derniers ont, au contraire, le museau court.

On le voit, Rai ne compte point l'homme parmi les Mammifères; le nom seul de Quadrupèdes semblait d'ailleurs l'exclure de cette classe; il ne paraît pas même soupçonner que les Cétacés puissent appartenir à cette division du Règne animal.

*

C'est en 1735 que Linné commence sa brillante carrière par la publication d'un Tableau de la nature disposé d'après ses vues. Comme le titre l'explique, les animaux y sont distribués par classes, ordres, genres et espèces (2). Les Quadrupèdes se trouvent caractérisés par leur corps poilu, leurs membres

(1) *Synopsis methodica Animalium Quadrupedum et Serpentium generis*, auct. Joanne Raio. — Londini (1693).

(2) Caroli Linnæi *Systema naturæ sive Regna tria Naturæ systematæ proposita per classes, ordines, genera et species.* — Lugd. Batavorum. Fol. (1735).

au nombre de quatre, par leurs femelles vivipares et lactifères. Ici l'auteur n'a rien découvert de plus que ses devanciers, mais il a reconnu parmi les Quadrupèdes les types de cinq ordres, et ces grandes divisions ont été si bien comprises, que nous les voyons conservées encore dans la plupart des ouvrages de l'époque actuelle. Il est vrai de dire que les noms ont été changés : ces sortes de changements ne sont en effet difficiles à effectuer pour personne.

Les ordres de Quadrupèdes admis par Linné sont : le premier, les *Anthropomorpha*, comprenant l'Homme, les Singes et les Paresseux (*Bradypus*); le second, les *Feræ*, est l'ordre des Carnassiers du Règne animal de Cuvier, dans lequel figurent les Didelphes (1); le troisième, les *Glires*, n'est autre que l'ordre des Rongeurs (genres *Hystrix*, *Sciurus*, *Castor*, *Mus*, *Lepus*, *Sorex*); le quatrième ordre, les *Jumenta*, est identique avec celui des Pachydermes (genres *Equus*, *Hippopotamus*, *Elephas* (*Rhinoceros*), *Sus*); et le dernier, les *Pecora*, est l'ordre des Ruminants de tous les auteurs modernes (genres *Camelus*, *Cervus*, *Capra*, *Ovis*, *Bos*). Linné, on le voit, ne se laissa égarer par aucun de ces caractères tirés de la conformation des pieds, auxquels s'attachèrent si longtemps les naturalistes.

Les Cétacés étaient alors relégués dans la classe des Poissons, où ils constituaient un ordre particulier sous le nom de *Plagiuri* (genres *Trichechus*, *Catodon*, *Monodon*, *Balæna* et *Delphinus*).

Pendant plus de trente ans, l'illustre naturaliste scandinave s'attache à perfectionner son œuvre. Il y réussit dans certains cas; mais, au contraire, dans d'autres circonstances il se montre mal inspiré.

Le tableau de 1735 ne donnait point les caractères des divisions des différentes classes; ces caractères furent exprimés dans l'ouvrage qui parut en 1740 (2). Pour les Quadrupèdes, Linné prenait surtout en considération l'appareil dentaire. Si nous jetons un coup d'œil sur la sixième édition du *Système de la Nature*, nous voyons que l'auteur a introduit un ordre de plus parmi les Quadrupèdes : les *Agriæ*, comprenant les Fourmiliers et les Pangolins (*Myrmecophaga* et *Manis*), c'est-à-dire les Édentés (*ex parte*) des zoologistes actuels. D'un autre côté, le genre *Dasypus* (les Tatous) a été établi et placé près des Hérissons dans l'ordre des *Feræ* (3).

Dix ans plus tard, Linné émit une vue nouvelle d'une grande portée. Reconnaissant l'importance de la lactation, de la présence des mamelles, il rapprocha tous les animaux dont les femelles se trouvent douées de la faculté d'allaiter leurs jeunes; la classe des Mammifères (*Mammalia*) fut ainsi définitivement établie, et comprit, outre les Quadrupèdes, l'ordre des *Cete*, c'est-à-dire les animaux marins désignés depuis sous le nom de Cétacés (4).

Un rapide examen de la douzième et dernière édition du *Système de la Nature* (4) montrera le chemin fait par l'auteur depuis la publication de son premier tableau.

Les Mammifères maintenant sont répartis dans sept ordres. Pour le premier, le nom de *Primates* a été substitué à celui d'*Anthropomorpha*, et cet ordre comprend l'Homme, les Singes (*Simiæ*), les Makis (*Lemur*) et les Chauves-Souris (*Vespertilio*); ces dernières naguère classées parmi les *Feræ*. Les Paresseux (*Bradypus*), qui autrefois prenaient place après les Singes, sont reportés dans la division suivante. L'ordre des *Agriæ* est devenu l'ordre des *Bruta*, et n'est plus composé simplement de quelques genres d'Édentés, mais offre un assemblage assez bizarre formé par les Éléphants, le genre Morse (*Trichechus*) dans lequel figure le Lamantin (*Manatus*), les Paresseux (*Bradypus*), les Fourmiliers (*Myrmecophaga*),

(1) Les genres de cet ordre sont : *Ursus*, *Leo*, *Tigris*, *Felis*, *Mustela*, *Didelphis*, *Lutra*, *Odobenus*, *Phoca*, *Hyæna*, *Canis*, *Meles*, *Talpa*, *Erinaceus*, *Vespertilio*.

(2) *Systema Naturæ*, etc. — Holmiæ, 8° (1740).

(3) *Systema Naturæ*, etc. — Holmiæ et Lipsiæ, 8° (1748).

(4) *Systema Naturæ*. — Editio decima. — Holmiæ (1758).

(5) *Systema Naturæ*. — Editio duodecima reformata, t. 1. — Holmiæ (1766).

les Pangolins (*Manis*) et les Tatous (*Dasypus*). Le troisième ordre, conservant le nom de *Feræ*, a subi certains changements dans la disposition des genres, a perdu les Chauves-Souris et les Tatous et s'est augmenté à juste titre des Musaraignes (*Sorex*), qui primitivement avaient été placées près des Rats. Le quatrième ordre est toujours celui des *Glires* (le genre *Sorex* retranché). Le cinquième, les *Pecora*, est resté dans les limites qui lui avaient été assignées en 1735. Le sixième est l'ordre des *Belluæ* et non plus des *Jumenta;* du reste, à l'exception du genre Éléphant, qui en a été distrait, il est demeuré ce qu'il était auparavant. Enfin, le septième ordre, les *Cete*, renferme les genres Narwall (*Monodon*), Baleine (*Balæna*), Cachalot (*Physeter*) et Dauphin (*Delphinus*).

Tout en tenant compte de caractères pris de différentes parties du corps, Linné donne la préférence à ceux qu'il tire du système dentaire (1). Il commence néanmoins par indiquer un premier groupement d'après la considération de la forme des membres. Ses quatre premiers ordres appartiennent à la catégorie des Mammifères onguiculés (*Unguiculata*), les deux suivants, à celle des Mammifères ongulés (*Ungulata*) et le dernier ordre seul compose la division des Mammifères mutiques (*Mutica*).

*

Dès que le mouvement scientifique imprimé par Linné se fut quelque peu étendu, l'objet principal de la science, aux yeux de beaucoup de zoologistes, consista dans les classifications; classifications en général très-arbitraires à cette époque, puisqu'elles reposaient sur un nombre fort restreint de caractères, choisis d'ordinaire parmi les plus faciles à apercevoir. D'un autre côté, les naturalistes observateurs s'exprimaient avec assez de dédain sur cette tendance, qui se prononçait de plus en plus chaque jour, de dresser l'inventaire de la nature d'une manière systématique. Le plus éminent de ces naturalistes voués à l'observation des particularités, des mœurs, des habitudes des êtres, continuait à trouver plus simple d'appeler chaque animal par un nom vulgaire et plus conforme à la raison, de traiter successivement de chaque espèce, d'après son degré d'importance pour l'humanité. « Ne vaut-» il pas mieux ranger, dit Buffon, non-seulement dans un traité d'histoire naturelle, mais même dans » un tableau ou partout ailleurs, les objets dans l'ordre et la position où ils se trouvent habituellement, » que de les forcer à se trouver ensemble en vertu d'une supposition? Ne vaut-il pas mieux faire suivre » le Cheval, qui est Solipède, par le Chien, qui est Fissipède et *qui a coutume de le suivre en effet*, que » par un Zèbre qui nous est peu connu et qui n'a peut-être d'autre rapport avec le Cheval que d'être » Solipède (2)? »

Dans le domaine de la raison, les meilleurs esprits ne sont pas toujours à l'abri des défaillances. Buffon semble regarder comme tout simple de tenir peu de compte de la conformation des êtres et croit se montrer ingénieux en s'attachant à des faits aussi puérils que *la coutume du Chien de suivre le Cheval*. L'illustre intendant du Jardin du Roi, qui se refuse à comprendre l'utilité et l'avenir d'une nomenclature précise et d'une distribution des animaux d'après leurs caractères, peut-être uniquement parce que la méthode en histoire naturelle a été la pensée d'un autre, prend de haut le système de Linné. Il ne saisit pas certains rapprochements, il en signale de fâcheux et il condamne l'idée, sans paraître songer que les erreurs disparaîtront et que l'idée grandira. Il conclut en disant : « Voilà pourtant et » sans y rien omettre à quoi se réduit ce système de la nature pour les animaux quadrupèdes; ne » serait-il pas plus simple, plus naturel et plus vrai de dire qu'un Ane est un Ane, et un Chat un Chat, » que de vouloir, *sans savoir pourquoi*, qu'un Ane soit un Cheval et un Chat un Loup-Cervier? »

(1) ORDINES imprimis a dentibus desumuntur, dit-il, loc. cit., p. 24.

(2) *Premier Discours. — De la manière d'étudier et de traiter l'Histoire naturelle.* — T. 1, p. 40 (1749).

Pourtant lorsque M. de Buffon aura traité des animaux connus de tout le monde, lui-même sera conduit à grouper les espèces moins connues d'après leurs affinités naturelles, en formant des genres, en ne réussissant pas à éviter d'employer des noms *génériques* dans le sens adopté par Linné. Il décrit la *Loutre;* celle-ci n'a pas d'autre appellation, mais l'auteur de l'*Histoire naturelle des animaux* doit signaler deux Quadrupèdes étrangers qui ont une grande ressemblance avec la Loutre de notre pays; comment ne pas les appeler des Loutres? et cependant il faut bien les distinguer de l'espèce indigène; alors on les nomme la *Loutre du Canada* et la petite *Loutre de la Guyane*. Voici la Taupe et ensuite la Taupe du cap de Bonne-Espérance, la Taupe de Pensylvanie, la Taupe rouge d'Amérique, etc., etc., et pourtant il ne fallait pas appeler un Ane un Cheval.

Buffon évidemment avait senti la portée de la classification et de la nomenclature rigoureuse imaginées par Linné; mais il répugnait à son esprit dominateur d'entrer dans une voie tracée par un contemporain dont la renommée devenait considérable; il voulut l'accabler, pensant ainsi se grandir. A chaque époque, n'est-ce pas là toujours la triste erreur de ceux qui croient être les premiers sans en être bien sûrs? La distinction de l'esprit est encore moins rare que la noblesse du caractère (1).

*

Après la publication de la sixième édition du *Système de la Nature* de Linné, un naturaliste de l'Allemagne, J. Th. Klein, mettait au jour une classification des Quadrupèdes qui non-seulement ne se distingue par aucune vue nouvelle, mais qui encore doit être considérée comme un pas rétrograde. L'auteur, en effet, s'attache exclusivement à la conformation des pieds. Il divise les Mammifères ou plutôt les Quadrupèdes en deux ordres: les Ongulés (*Ungulata*) et les Digités (*Digitata*). Les Ongulés sont partagés en cinq familles; la première (*Monochelon*) comprend le genre Cheval; la seconde (*Dichelon*), nos Ruminants, à l'exception des Chameaux, et les Cochons; la troisième (*Trichelon*), les Rhinocéros seuls; la quatrième (*Tetrachelon*), le genre Hippopotame; et la cinquième (*Pentachelon*), le genre Éléphant. Les Digités composent un même nombre de familles; l'une (*Didactylon*) a pour type les Chameaux; une autre (*Tridactylon*) réunit les Paresseux et les Fourmiliers; une troisième (*Tetradactylon*), les Tatous et les *Cavia* (Cobaies, Agoutis, etc.); une quatrième (*Pentadactylon*) est un vaste assemblage: on y voit figurer la plupart de nos Rongeurs, les Insectivores, les Chauves-Souris ou Chiroptères et les Singes. Enfin, dans la cinquième famille (*Anomalopes*, *Pentadactylon*), établie en vue des Mammifères qui ont les pieds conformés pour la natation, se trouvent associés les Loutres, les Castors, les Morses (*Rosmarus*), les Phoques et les Lamantins (*Manati*) (2).

Ajoutons que les Reptiles pourvus de membres forment, pour l'auteur de cette singulière disposition, un troisième ordre de Quadrupèdes (*Ovipara* et *Digitata depilata*), et sera complet le tableau d'une classification reposant sur un caractère unique, en général facile à constater. L'auteur, du reste, ne songeait certainement pas à mettre en évidence des affinités naturelles; son but plus modeste devait être de donner une clef pour arriver promptement à la détermination des animaux; sa nomenclature, en partie tirée d'Aristote, mais qu'il étendit beaucoup, lui parut sans doute fort ingénieusement choisie.

De son côté, un zoologiste français, plus tard l'un des membres de l'Académie des sciences, Brisson, émit une vue particulière, tout en produisant une œuvre non moins systématique que la précédente. Pour cet auteur, le Règne animal comprend neuf classes, et les êtres que tout le monde aujourd'hui

(1) Pour les idées de Buffon, nous renvoyons à l'appréciation si parfaite que M. Flourens en a donnée dans la forme la plus élégante. — *Buffon.* — *Histoire de ses travaux et de ses idées.*

(2) Jacobi Theodori Klein *Quadrupedum Dispositio brevisque Historia naturalis.* — Lipsiæ (1751).

appelle les Mammifères en forment les deux premières, la classe des Quadrupèdes et la classe des Cétacés. Les divisions de ces groupes primaires reposent à la fois sur des caractères tirés du nombre ou de l'absence des dents incisives et de la conformation des pieds. Brisson, s'étant attaché presque exclusivement à certains détails de conformation bien apparents, et n'ayant pu en apprécier la valeur relative, s'est trouvé conduit à multiplier beaucoup les divisions et à leur attribuer à toutes la même importance. Parmi les Quadrupèdes, il admet dix-huit ordres, qu'il ne distingue en aucune manière par des noms, mais simplement par des phrases caractéristiques (1).

De la sorte, il y a : 1° les Quadrupèdes qui n'ont point de dents (Fourmiliers); 2° ceux qui n'ont que des dents molaires, c'est-à-dire les Paresseux et les Tatous; 3° ceux privés de dents incisives ayant des canines et des molaires; la considération unique de l'absence d'incisives amène le singulier rapprochement de l'Éléphant, du Morse (*Rosmarus*) et du Lamantin (*Manatus*); puis viennent : 4° les Quadrupèdes dépourvus de dents incisives à la mâchoire supérieure, qui en ont six à la mâchoire inférieure, le groupe des Chameaux; 5° ceux sans dents incisives à la mâchoire supérieure, en ayant huit à la mâchoire inférieure et le pied fourchu, ce sont les Ruminants; 6° ceux qui ont des dents incisives aux deux mâchoires et la corne du pied d'une seule pièce, les Chevaux; 7° ceux qui, analogues aux précédents sous le rapport du système dentaire, ont le pied fourchu, ce sont les Cochons; 8° les Quadrupèdes ayant des dents incisives aux deux mâchoires et trois doigts ongulés à chaque pied, les Rhinocéros; 9° ceux distingués des précédents par la présence de quatre doigts ongulés aux pieds de devant et de trois seulement aux pieds de derrière, ce sont les Cabiais (genre *Hydrochœrus*) qui offrent cette particularité; 10° les Quadrupèdes ayant dix dents incisives à chaque mâchoire! quatre doigts ongulés aux pieds de devant et trois à ceux de derrière, ils forment le genre Tapir seul; 11° ceux qui ayant des dents incisives à chaque mâchoire, ont quatre doigts ongulés à chaque pied, le genre Hippopotame. Dans tous les Quadrupèdes qui forment les autres ordres, les doigts sont onguiculés; notre auteur les distingue entre eux, uniquement par le nombre de leurs dents incisives; ce sont : 12° ceux pourvus de deux incisives à chaque mâchoire, les genres Porc-Épic (*Hystrix*), Castor, Lièvre, Lapin, Écureuil (*Sicurus*), Loir (*Glis*), Rat, Musaraigne, Hérisson, c'est-à-dire un assemblage de Rongeurs et d'Insectivores; 13° ceux qui ont quatre dents incisives à chaque mâchoire, les Singes proprement dits et le genre Roussette (*Pteropus*); 14° ceux ayant quatre dents incisives à la mâchoire supérieure et six à la mâchoire inférieure, ce sont les Makis (*Prosimia*) et les Chauves-Souris (*Vespertilio*); 15° les Quadrupèdes dont les incisives sont au nombre de six à la mâchoire supérieure et de quatre à la mâchoire inférieure, les Phoques; 16° ceux ayant six incisives à chaque mâchoire, ou le groupe des Carnivores (Cuvier, etc.); 17° les Quadrupèdes ayant six dents incisives à la mâchoire supérieure et huit à l'inférieure, formant le seul genre des Taupes (*Talpa*); et 18° les Quadrupèdes qui ont dix dents incisives à la mâchoire supérieure et huit à la mâchoire inférieure, ce sont les Didelphes (*Philander*).

Les Mammifères pisciformes, constituant pour notre auteur la seconde classe du Règne animal, les Cétacés (*Cetacea*), sont partagés en quatre ordres; le premier, caractérisé par l'absence totale de dents, comprend les Baleines; le second, par la présence de dents à la mâchoire inférieure seulement, a pour tye le Cachalot; le troisième, distingué par l'existence de dents à la mâchoire supérieure seulement, a pour type le Narwall, enfin le quatrième, caractérisé par des dents aux deux mâchoires, renferme les Dauphins.

(1) *Le Règne animal divisé en neuf classes*. — 4°; Paris (1756). — Il n'a été publié que la partie relative aux deux premières classes (Quadrupèdes et Cétacés).

Une autre édition, avec des additions sans importance, a paru quelques années après. — 8°; Lugduni Batavorum (1762).

CLASSE DES MAMMIFÈRES.

MAMMALIA.

Ordre des CHIROPTÈRES[1] *(CHIROPTERA).*

Ce sont les Mammifères caractérisés au plus haut degré, entre tous les représentants de la classe, par la présence d'ailes, consistant en un repli de la peau qui pend aux côtés du cou et s'étend sur les flancs, entre les quatre membres et les doigts.

Ces animaux ont les bras, et surtout les avant-bras ainsi que les doigts, d'une longueur extrême, formant, avec la membrane qui en remplit les intervalles, de véritables ailes d'un développement fort considérable; les doigts d'ordinaire privés de phalange onguéale; le pouce seul, écarté des autres doigts, très-mobile et pourvu d'un oncle crochu; les membres postérieurs faibles, avec les doigts presque toujours égaux et munis d'ongles tranchants et aigus; des dents de trois sortes; des mamelles au nombre de deux, placées sur la poitrine. Ils se font encore remarquer par leurs yeux très-petits, leurs oreilles en général fort grandes et la verge des mâles pendante.

A ces caractères extérieurs, on ajoute que les Chiroptères ont un sternum caréné, de très-fortes clavicules, des omoplates extrêmement larges, un cubitus rudimentaire, un péroné réduit à la forme d'une tige grêle, les os du crâne soudés dès le jeune âge, le cercle orbitaire toujours incomplet, des intestins sans cæcums, etc.

*

Les Chiroptères, si connus sous le nom vulgaire de Chauves-Souris, sont répandus dans toutes les régions du monde. Leurs espèces, encore recherchées imparfaitement, surtout en dehors de l'Europe centrale, forment déjà cependant un ensemble considérable dans les collections zoologiques. On en a décrit environ trois cent cinquante, et l'on est loin d'avoir étudié les représentants de cette division mammalogique avec tout le soin désirable, loin d'avoir précisé les caractères de la plupart des espèces étrangères à l'Europe avec toute la rigueur scientifique.

Les Chiroptères offrent tous, sans exception, des particularités si frappantes, que les zoologistes n'ont guère pu varier d'opinion touchant les limites qu'il convient d'assigner au groupe. Que les Chauves-Souris aient été considérées comme formant un seul genre naturel, comme une famille, comme un ordre, l'ensemble est presque toujours resté le même. On n'a tenu aucun compte de l'arrangement proposé par Brisson, qui, classant les Mammifères d'après le nombre de leurs dents incisives, rangea les Chauves-Souris frugivores (Roussettes-*Pteropus*) avec les Singes, et dans un autre

(1) La plupart des auteurs français écrivent *Cheiroptères*, mais c'est une forme orthographique vicieuse.

groupe d'égale valeur, les Chauves-Souris insectivores (*Vespertilio*) avec les Makis (1). Un seul type, établissant un véritable lien entre les Primates et les Chiroptères, le genre Galéopithèque (*Galeopithecus Pallas*), a été placé tantôt avec les uns, tantôt avec les autres. L'espèce anciennement connue était classée par Linné dans le genre Maki (*Lemur volans*); mais la plupart des auteurs qui vinrent ensuite classèrent le genre Galéopithèque dans la division des Chauves-Souris.

Linné comprenait tous les Mammifères, aujourd'hui désignés sous le nom de Chiroptères, dans un seul genre, le genre *Vespertilio*, qui, dans ses premiers ouvrages, fut placé dans l'ordre des Carnassiers (*Feræ*), et, dans les dernières éditions de son *Systema naturæ*, avec les Singes dans l'ordre des Primates.

Blumenbach, le premier, considéra le genre des Chauves-Souris (*Vespertilio*), à l'exclusion de tout autre, comme devant constituer un ordre particulier, auquel il attribua le nom de Chiroptères *Chiroptera* (2).

Mais les vues justes sont rarement appréciées dans les temps où elles se produisent. Celle de Blumenbach cependant fut d'abord accueillie par Geoffroy et Cuvier. Dans la classification des Mammifères que ces naturalites publièrent en 1795, l'ordre des Chiroptères figure entre celui des Quadrumanes et celui des Plantigrades (3). Mais Cuvier ne tarda pas à changer d'avis; trois ans plus tard, dans son premier ouvrage sur le règne animal, les Chauves-Souris, placées avec les Carnassiers, devenaient les *Mammifères carnassiers volants* ou *Cheiroptères* (4). C'est à cet arrangement que s'arrêta définitivement l'illustre zoologiste; dans le *Règne animal*, les *Cheiroptères* constituent la première famille de l'ordre des Carnassiers, et cette famille comprend, outre les véritables Chauves-Souris et les Roussettes, le genre Galéopithèque (5).

Geoffroy Saint-Hilaire persista, au contraire, dans l'idée de séparer les Chiroptères de tous les autres ordres de la classe des Mammifères (6).

De Blainville, dans sa classification de 1816 souvent citée, rangea les Chauves-Souris avec les Carnassiers, les plaçant d'une manière assez étrange à côté des Taupes et des Phoques dans une division à laquelle il attribua le nom de *Carnassiers anomaux*. D'un autre côté, il mit le genre Galéopithèque dans l'ordre des Quadrumanes (7).

Pendant une suite d'années, la classification de Cuvier fut assez généralement suivie; elle n'était pas néanmoins adoptée par tous les auteurs; l'ordre des Chiroptères était admis dans plusieurs ouvrages de Mammalogie, notamment dans le Système d'Illiger (8). Les zoologistes, pour la plupart, n'hésitaient pas à reconnaître les rapports naturels qui lient les Chauves-Souris à la fois aux Singes et aux Insectivores; seulement, on était peu d'accord sur le rang qu'il convenait d'assigner à chacun de ces groupes. Les Chiroptères et les Insectivores, rangés avec les Carnivores dans une même grande division, formaient un ensemble fort peu naturel, et ce fait d'abord indiqué devait être plus tard complétement démontré.

De Blainville, s'appuyant sur la conformation ostéologique, pensa qu'il convenait de séparer ces

(1) *Le Règne animal divisé en neuf classes.* — In-4°, Paris (1756). — Voy. MAMMIFÈRES, 1re partie, p. 8.

(2) *Handbuch der naturgeschichte* (1779). — Zweite ausgabe, s. 72. — Göttingen (1782).

(3) *Mémoire sur une nouvelle division des Mammifères*, etc., par les citoyens Geoffroy et Cuvier. — *Magasin encyclopédique*. t. II, p. 164. — Paris (1795).

(4) *Tableau élémentaire de l'Histoire naturelle des Animaux*, p. 103 (an VI).

(5) *Le Règne animal distribué d'après son organisation*, t. I, p. 124 (1817). — 2e édition, t. I, p. 114 (1829).

(6) *Catalogue des Mammifères du Muséum national d'histoire naturelle*, p. 42. — Ordre II, Cheiroptères.

(7) *Prodrome d'une nouvelle distribution systématique du Règne animal.* — *Bulletin de la Société philomatique*, p. 109 (1816).

(8) *Prodromus systematis Mammalium et Avium*, p. 116. — Ordo XI. *Volitantia* (1811).

groupes, et il montra, d'autre part, les relations étroites qui existent entre les Galéopithèques et les Makis (1). Depuis cette époque, toutes les nouvelles considérations tirées soit des caractères organiques, soit des caractères embryologiques, ont achevé de mettre hors de contestation possible l'importance relative du groupe des Chiroptères et le degré d'affinité naturelle de ces Mammifères avec les autres types de la même grande division du règne animal. Dans les classifications modernes, les Chauves-Souris forment un ordre distinct, et cet ordre, dont les Galéopithèques sont exclus, prend place entre les Primates ou Quadrumanes et les Insectivores. En suivant des voies de recherches fort différentes, les zoologistes les plus autorisés sont arrivés à un résultat semblable, comme le témoignent les classifications proposées par M. Waterhouse (2) et par M. Milne Edwards (3), et les divisions mammalogiques adoptées par M. Owen (4), par M. Gervais (5) et plusieurs autres auteurs. Isidore Geoffroy Saint-Hilaire, dans ses tableaux parallèliques, a également accepté l'ordre des Chiroptères (6), seulement il a continué à ranger dans cette division le type des Galéopithèques, qui certainement ne doit pas y figurer.

*

Les anciens naturalistes, frappés de la ressemblance que présentent entre elles toutes les Chauves-Souris sous le rapport de leur aspect général et n'ayant porté aucune attention sérieuse sur les particularités spécifiques, les réunissaient confusément dans un seul genre.

Daubenton, en 1759, commença à étudier les caractères des espèces, et indiqua une distribution fondée sur un certain nombre de faits bien constatés (7). Mais c'est à Pallas surtout que revient l'honneur d'avoir montré le premier que les Chauves-Souris pouvaient être réparties dans plusieurs divisions d'après la considération de leurs dents incisives (8).

Étienne-Geoffroy Saint-Hilaire, qui s'occupa à différentes reprises du groupe des Chiroptères, regarda comme de véritables genres plusieurs des divisions de Pallas et en établit quelques autres sur de nouveaux types (9). Le célèbre zoologiste arrivait pourtant à cette conclusion, que les dents n'offrent pas plus que les autres parties du corps de particularités assez tranchées pour être employées comme caractères génériques. On n'a cessé néanmoins depuis cette époque de distinguer de nouveaux genres parmi les Chauves-Souris, mais le moment n'est pas venu de montrer si ces distinctions ont toujours été heureuses.

On avait de bonne heure reconnu deux types principaux chez les Chiroptères, les Roussettes (*Pteropus*) et les Chauves-Souris proprement dites (*Vespertilio*), sans songer encore à une division en familles. Ce fut Goldfuss, en 1820, qui d'abord partagea l'ordre tel qu'il l'adoptait en quatre familles, les Chauves-Souris dont le nez est simple, celles dont le nez est garni d'une feuille, puis les Roussettes, et enfin les Galéopithèques (10). Plus tard, Charles Bonaparte proposa successivement pour ces

(1) *Ostéographie.*

(2) *Observations on the Classification of the Mammalia.* — *Annals and Magazine of Natural History.* Vol. XII, p. 399 (1843).

(3) *Considérations sur quelques principes relatifs à la classification naturelle des Animaux*, etc. — *Annales des sciences naturelles.* Troisième série, t. 1 (1844).

(4) *Cyclopædia of Anatomy and Physiology*, edit. by Todd. Vol. III, p. 244. Art. MAMMALIA (1847).

(5) *Histoire naturelle des Mammifères*, p. 184 (1854).

(6) *Tableau d'une classification parallélique des Mammifères*, publié par M. Payer. Fol. in plano (1845).

(7) *Mémoire sur les Chauves-Souris.* — *Mémoires de l'Académie des sciences*, p. 373 (1759).

(8) *Spicilegia zoologica*, fasciculus tertius (1766).

(9) Voy. *Catalogue des Mammifères du Museum national d'histoire naturelle*, p. 42. — *Description de l'Égypte*, T. XXIII, p. 91 (1828), et *Annales du Museum d'histoire naturelle.* T. VI, VIII et X (1805–1840).

(10) *Handbuch der Zoologie.* Band II, s. 434 (1820).

Mammifères différentes répartitions en familles et sous-familles (1). De Blainville, s'appuyant sur un assez grand ensemble de caractères, admit la division des Chiroptères à l'exclusion des Galéopithèques en quatres familles, les Roussettes, les Vampires, les Rhinolophiens et les Vespertilions (2).

Ce sont les mêmes groupes que l'on trouve adoptés dans des ouvrages plus récents sous les noms de Ptéropodides, Phyllostomides, Rhinolophides et Vespertilionides (3). Isidore-Geoffroy Saint-Hilaire, acceptant les deux premières familles, fondait les deux dernières en une seule (*Rhinolophides* et *Vespertilionides*) qu'il partageait en cinq tribus, et ajoutait sous le nom de Desmodidés une famille comprenant l'unique genre *Desmodus* (4) que la plupart des zoologistes rangent avec les Phyllostomes ou Vampirides.

Il s'agit maintenant d'étudier, chacun en particulier, ces divers types de l'ordre des Chiroptères. Au premier abord, il semblerait peut-être plus naturel de commencer par celui qui se lie plus particulièrement avec les derniers groupes de l'ordre des Primates, néanmoins il nous semble préférable de nous occuper ici en premier lieu du type qui présente les caractères les plus prononcés entre tous les Chiroptères.

Famille des VESPERTILIONIDES (*VESPERTILIONIDÆ*).

Ce sont les Chiroptères qui ont les oreilles séparées avec le tragus élevé en forme de languette, le museau sans folioles, ni expansions d'aucune sorte, la queue comprise dans la membrane alaire, et tous les doigts de l'aile privés de phalange onguéale; qui, en outre, ont d'ordinaire à la mâchoire supérieure deux paires de dents incisives, inégales et écartées sur le milieu, et trois paires presque égales, serrées et trilobées à la couronne à la mâchoire inférieure, des canines plus ou moins fortes et des molaires en nombre variable de dix-huit à vingt-quatre, sur lesquelles on compte d'une manière constante trois paires d'arrière-molaires d'apparence épineuse et une paire de molaires carnassières à chaque mâchoire.

Les Vespertilionides se distinguent encore des autres Mammifères du même ordre par plusieurs autres caractères moins importants, comme par leur tête de forme oblongue avec le museau aminci, les narines situées à son extrémité figurant deux croissants dont les côtés concaves sont tournés l'un vers l'autre, les oreilles écartées, d'ordinaire plus longues que la tête; par leurs ailes larges et médiocrement longues; les doigts de leurs membres postérieurs assez développés, et leur queue en général un peu plus courte que le corps.

Les Vespertilionides ont été, de la part de plusieurs auteurs, l'objet de recherches anatomiques, portant principalement sur leur squelette et ensuite sur quelques parties de leur système musculaire et de leur appareil circulatoire; mais jusqu'ici on ne possède aucune étude sur l'ensemble de l'organisation de ces Mammifères si remarquables à tant d'égards. Il sera fait mention dans le cours de notre travail de toutes les observations particulières dignes d'être rappelées.

Nous prenons ici comme type de la famille l'espèce la plus commune dans notre pays, la plus répandue en même temps dans toute l'Europe centrale. C'est :

(1) *Saggio di una distribuzione metodica degli Animali vertebrati* (1831). — *Synopsis vertebratorum systematis* (1838). — *Conspectus systematis Mastozoologiæ.* Fol. in plano (1850).

(2) *Ostéographie*. Chiroptères, p. 82.

(3) Voyez Gervais, *Histoire naturelle des Mammifères*. p. 181 (1854).

(4) *Tableau d'une classification parallélique des Mammifères* (1845).

LA CHAUVE-SOURIS MURIN (*VESPERTILIO MURINUS*) (1).

VESPERTILIO MURINUS. Schrebers. *Säugethiere*, s. 165. Tab. 51 (1775).
Schrank. *Fauna boica*. T. I, p. 62 (1802).
VESPERTILIO MYOTIS. Bechstein. *Naturgeschichte Deutschland's*, p. 1154 (1801).
LA CHAUVE-SOURIS ORDINAIRE. (*Vespertilio murinus*), Cuvier. *Règne animal*. T. I, p. 120 (1828).
VESPERTILIO MURINUS. Keyserling und Blasius. *Wirbelthiere Europa's*. T. I, p. 52 (1839).
Fahrer und Gemminger. *Fauna boica. — Die Ordnungen, Familien und Gattungen der Säugethiere*. Taf. 1[a] (très-jolie figure) (1856).
Blasius. *Fauna der Wirbelthiere Deutschlands*, p. 82 (1857).

La Chauve-Souris murin, que l'on désigne souvent sous le nom de Chauve-Souris commune, est la plus grande de nos espèces indigènes. Sa longueur de l'extrémité du museau à l'origine de la queue est d'environ onze centimètres, et l'envergure de ses ailes étendues de vingt-cinq centimètres.

Cette espèce se reconnaît à son poil d'un brun grisâtre en dessus et d'un gris clair en dessous; à ses oreilles ovalaires, un peu plus longues que la tête, arrondies au sommet, d'un brun grisâtre foncé, avec la base plus roussâtre, nues extérieurement, très-légèrement velues en dedans, où elles présentent neuf plissures transversales plus ou moins prononcées et ayant le tragus droit un peu lanceolé et obtus à l'extrémité; à ses ailes d'un brun noirâtre, étendues jusqu'à l'origine du gros orteil; aux crochets de ses pattes postérieures, robustes, courbés et d'égale longueur; à sa queue entièrement comprise dans la membrane alaire, l'extrémité seule de la dernière vertèbre caudale demeurant libre.

On remarque encore chez la Chauve-Souris commune, que la face est très-velue au milieu, et au contraire peu garnie de poils sur les côtés de l'origine de l'oreille à l'extrémité du museau, que le menton est presque nu, présentant sur les côtés ainsi que la lèvre supérieure de courtes soies blanches.

La Chauve-Souris murin est, parmi les Chiroptères, l'espèce la plus répandue dans toute l'Europe centrale; elle est commune aussi dans l'Europe méridionale, dans le nord de l'Afrique et dans l'Asie mineure. Elle se tient dans les crevasses et dans les ouvertures des édifices les plus élevés et de la sorte les moins accessibles. C'est dans les clochers et dans les tours des églises qu'on la trouve le plus ordinairement; il n'est pas rare d'en voir des associations de plusieurs centaines d'individus.

SYSTÈME OSSEUX.

Malgré des particularités des plus manifestes, le système osseux de la Chauve-Souris présente tous les caractères essentiels du squelette des Mammifères. On constate certaines modifications fort remarquables; des analogies plus ou moins prononcées avec quelques traits de la conformation des Oiseaux ne sont pas assez profondes pour faire disparaître ou même pour atténuer fortement les caractères fondamentaux du type mammalogique.

La tête, qui, entre toutes les parties du squelette de la Chauve-Souris, a dû échapper le plus à une

(1) Le nom de *Vespertilio murinus* a d'abord été appliqué par Linné (*Systema naturæ*. Édit. XII. t. I, p. 47, 1769) à une espèce que beaucoup de zoologistes ont crue être notre Chauve-Souris commune, mais plusieurs auteurs modernes ont remarqué avec justesse que le Vespertilio du naturaliste scandinave « *auriculis capite minoribus* » présentait un caractère qui ne convenait en aucune façon à l'espèce vulgaire de France et d'Allemagne. Néanmoins il n'a pas été établi jusqu'ici que la caractéristique donnée par Linné ne soit pas le résultat d'une erreur.

adaptation des formes aux conditions d'existence de l'animal, présente un seul point d'analogie avec la tête des Oiseaux. Les sutures disparaissent dès le premier âge comme chez ces derniers; les os du crâne et de la face se soudent peu après la naissance; cependant aucun des détails de la conformation de la tête de la Chauve-Souris ne lui donne plus que celle de tout autre Mammifère une ressemblance véritable avec la tête des Oiseaux. On constate également chez les Chiroptères la rapidité de la marche de l'ossification, et par suite le temps très-court pendant lequel les épiphyses demeurent distinctes.

Les caractères généraux du squelette de la Chauve-Souris, comparé à celui des autres types de Mammifères, sont très-manifestes. La tête est volumineuse relativement à la dimension du corps. La colonne vertébrale est courte, décrivant une courbure concave très-prononcée dans sa région antérieure et une courbure convexe, c'est-à-dire en sens inverse de la première, s'étendant de la portion postérieure de la région cervicale jusqu'à la région caudale. C'est ainsi que le tronc de l'animal au repos, affecte une forme globuleuse. Le sternum, composé d'une série de pièces comme chez tous les Mammifères, offre dans la présence d'une carène médiane un trait d'analogie avec le *bréchet* des Oiseaux. L'omoplate et la clavicule se font remarquer par leur grande dimension proportionnellement au volume du corps de l'animal. Les membres antérieurs chez la Chauve-Souris sont, de toutes les parties du squelette, les plus modifiés, si on les compare à ceux des Mammifères ordinaires; l'humérus et le radius sont grêles, d'une extrême longueur, complétement fistuleux, à peu près comme ceux des Oiseaux, mais néanmoins sans que l'air ait accès dans leur intérieur, ainsi que cela a lieu chez ces derniers. Les os longs de notre Chiroptère ont leur cavité remplie de moelle et occupée par un réseau fibreux très-lâche. L'avant-bras de la Chauve-Souris, comparé à celui de la plupart des autres types de Mammifères, paraît curieusement modifié, mais dans sa modification il ne présente aucun trait d'analogie bien sensible avec la forme caractéristique de l'avant-bras des représentants de la grande division zoologique, dont les membres antérieurs sont toujours convertis en ailes. Chez la Chauve-Souris, l'avant-bras, incapable d'un mouvement de rotation, est formé pour ainsi dire d'un seul os, le radius, qui est notablement arqué et d'une longueur très-supérieure à celle de l'humérus; le cubitus, tout à fait rudimentaire, est un petit os styloïde, exactement appliqué à la face postérieure du radius, n'atteignant guère plus du dixième de la longueur de ce dernier, au moins dans notre espèce commune. Le carpe est très-court et n'offre aucun point de ressemblance avec celui des Oiseaux. La main a une longueur qui est hors de comparaison avec ce que l'on voit partout ailleurs, et cependant elle conserve tous les caractères généraux qu'on lui trouve chez les Mammifères les plus élevés. Le nombre des doigts est de cinq; le premier ou le pouce, dont la dimension est très-médiocre et qui a une étendue et une indépendance de mouvements n'existant ailleurs que chez l'Homme et les Singes, est le seul qui conserve la forme ordinaire d'un doigt; les quatre autres, ayant la forme de baguettes grêles et effilées vers le bout, constitués aussi bien par les métacarpiens que par les phalanges digitales. Le bassin, qui se fait remarquer par sa forme étroite d'autant plus frappante qu'elle contraste avec l'ampleur de la région thoracique, est très-ouvert à son extrémité abdominale par suite de l'écartement des os pubis. Les membres postérieurs, très-faibles comparativement aux membres postérieurs et néanmoins assez allongés, ont le péroné rudimentaire, articulé inférieurement avec le calcanéum, s'élevant, dans notre Chauve-Souris commune, sous la forme d'une tige styloïde extrêmement mince jusque près de la tête du tibia. Le pied est plantigrade avec les cinq doigts presque égaux en longueur.

Après cet aperçu général des caractères les plus saillants du squelette de la Chauve-Souris, nous devons étudier en détail les formes de toutes les pièces osseuses, leurs rapports entre elles, leur structure ainsi que les parties non ossifiées et les articulations.

On trouve des descriptions et des figures du squelette des Chauves-Souris dans les traités et les atlas d'anatomie comparée. Une étude comparative de la charpente osseuse des principaux représentants de ce groupe d'animaux a été faite par de Blainville (1), mais encore peut-on dire qu'il n'existe sur ce sujet aucun travail bien complet.

*

Tête. — La tête osseuse de la Chauve-Souris, si remarquable par la minceur de ses parois et par la disparition totale de toutes les sutures, a un volume considérable relativement à la dimension du corps, sans être toutefois disproportionnée au même degré que chez quelques autres représentants de l'ordre des Chiroptères. Sa longueur est néanmoins presque exactement la moitié de celle du corps.

Cette tête est oblongue avec la face déprimée horizontalement, le crâne pourvu d'une crête sagittale, arrondi sur les côtés et rétréci en avant par suite du rapprochement des fosses temporales, de manière à produire une sorte d'étranglement qui sépare la boîte cranienne de la face; l'orifice nasal très-large; les orbites incomplets; l'arcade zygomatique horizontale et légèrement sinueuse; les fosses temporales larges et profondes; la face postérieure de l'occipital presque verticale, plus large que haute et s'unissant à la crête sagittale par un petit méplat; le trou occipital également à peu près vertical par rapport au plancher du crâne (2).

Lorsque l'on considère la tête de la Chauve-Souris chez les individus adultes, il devient impossible de décrire la configuration exacte de chacun des os qui la composent; la coalescence entre la plupart d'entre eux étant si complète qu'on n'aperçoit plus en général les traces des sutures qui ont disparu peu de temps après la naissance.

Plus encore que pour un grand nombre d'autres types de la classe des Mammifères, c'est, chez notre Chiroptère, l'étude aux diverses phases du développement, qui seule nous permettra d'apprécier rigoureusement l'ensemble des particularités ostéologiques.

La tête osseuse de l'embryon de la Chauve-Souris ou même du nouveau-né, est si différente de celle de l'individu adulte, qu'on ne saurait y reconnaître les formes caractéristiques chez ce dernier, formes reconnues depuis longtemps et qui viennent d'être rappelées ici. Chez l'animal très-jeune, il n'existe point d'étranglement au devant du crâne, et la face est très-courte. Mais pour ne pas nous écarter du plan adopté dans cet ouvrage, il est nécessaire de préciser autant que possible tous les caractères de l'individu adulte, avant d'étudier les parties de l'organisme aux diverses périodes de leur développement pour en constater les modifications successives.

*

Os frontal. — Le frontal, double chez les très-jeunes individus, n'offre sur la ligne moyenne aucune trace de suture chez les adultes, où il est soudé lui-même de la manière la plus intime avec tous les os qui l'environnent (3). En parfaite continuité avec les pariétaux, c'est à peine si une imperceptible dépression permet de déterminer le point où la réunion s'est opérée. La fusion du frontal avec les os nasaux, les maxillaires et les jugaux est encore plus complète, de façon qu'on ne saurait décrire ses formes bien rigoureusement.

Le frontal, étranglé d'une manière très-sensible sur les côtés, en arrière des orbites et dépourvu de toute apophyse externe, paraît étroit relativement à la largeur de la région pariétale; néanmoins il

(1) *Ostéographie*, n° 5, Chiroptères (*Vespertilio*. L.).

(2) Pl. 2, fig. 1 et 3.

(3) Pl. 3, fig. 1 et 2 *a*.

s'élargit un peu pour former l'apophyse par laquelle il est soudé au jugal et au maxillaire. Sa face antérieure ou cutanée présente sur son sommet un prolongement de la crête sagittale, qui semble se partager en avant, en deux branches faibles, mais très-distinctes, figurant un V très-ouvert et limitant une région médiane déclive.

La face interne est lisse; elle contribue à former la voûte des fosses nasales dans sa portion antérieure, où elle est partagée par la lame verticale de l'ethmoïde.

Les faces latérales du frontal qui constituent les parois des fosses orbitaires, se confondent avec les parois des fosses temporales; elles sont percées d'un trou pour le passage d'un nerf (1) et marquées dans l'angle antérieur d'une dépression dans laquelle se loge la glande lacrymale. Cette dépression est accompagnée d'un petit trou circulaire.

*

Pariétaux. — Les pariétaux, qui ont une étendue considérable relativement à celle du frontal et de l'occipital, forment la plus grande partie de la voûte et des parois latérales de la boîte cranienne (2). Ils sont passablement arrondis en dessus, renflés sur les côtés vers la région moyenne et rétrécis en avant, de façon à participer à l'étranglement post-orbitaire. Chez les individus adultes, l'union des deux pariétaux est complète; non-seulement la suture sagittale qui existe dans le jeune âge a disparu, mais sur cette suture s'est élevée une crête fort saillante, consistant en une lame mince plus haute en arrière qu'en avant.

Les pariétaux ont très-peu d'épaisseur; sur quelques points particulièrement l'os est assez mince pour conserver une sorte de transparence très-sensible à côté de parties plus épaisses qui demeurent d'un blanc opaque. On s'est attaché dans nos figures à rendre cet effet avec toute la fidélité possible (3). La surface de l'os, bien que très-polie, présente néanmoins de légères inégalités qui deviennent fort distinctes lorsque la lumière les frappe obliquement.

Les pariétaux offrent vers la région postérieure une dépression transversale assez prononcée, et même en un point une petite déchirure de la partie superficielle de l'os (4), dans laquelle sont percés deux très-petits trous, analogues du trou pariétal de l'homme. C'est la trace de la suture des interpariétaux qui, entièrement séparés chez les nouveau-nés, sont absolument confondus entre eux et avec les pariétaux eux-mêmes chez les individus adultes.

La face interne ou cérébrale des pariétaux n'est pas complétement lisse; on distingue quelques lignes saillantes transverses ou obliques, formant éminence et marquant le trajet de canaux creusés dans l'épaisseur du diploé. Une saillie très-prononcée correspond à la crête sagittale, et dans le sens opposé une arête d'un relief considérable règne sur la ligne même qui, dans le jeune âge, séparait les interpariétaux (5). Ces parties saillantes sont creuses et constituent les parois de canaux plus ou moins larges.

*

Occipital. — L'occipital de la Chauve-Souris se fait remarquer par ses faibles proportions (6). Plus étroit que le cadre formé par les pariétaux, il est en même temps très-court et presque annulaire. Il est constitué originairement, comme chez l'homme, comme chez la plupart des animaux vertébrés, par quatre pièces : 1° un occipital supérieur, suivant l'expression employée par Cuvier, ou suroccipital

(1) Pl. 3, fig. 3*a**.
(2) Pl. 3, fig. 1*b*, 3*b*.
(3) Pl. 3, fig. 1 et 3.
(4) Pl. 3, fig. 3*b**.
(5) Pl. 3, fig. 6.
(6) Pl. 3, fig. 1*c*, 2*c*, 3*c*, 5*c*.

suivant la nomenclature de M. R. Owen (1); 2° un occipital inférieur ou basi-occipital; 3° deux occipitaux latéraux ou exoccipitaux. Ces différentes pièces qui circonscrivent le trou occipital sont parfaitement distinctes et même séparées les unes des autres dans les embryons ou les très-jeunes individus, mais par les progrès de l'âge elles se confondent de la manière la plus intime, et l'occipital lui-même chez les adultes est soudé sur tous les points avec les os environnants, les pariétaux et le sphénoïde principalement.

Le trou occipital est énorme, plus large que haut et presque vertical par rapport au plancher du crâne, ayant son bord supérieur coupé droit et son bord inférieur très-sensiblement échancré (2).

La portion supérieure de l'occipital, c'est-à-dire le suroccipital, est peu développée et presque réduite à former exclusivement la face postérieure de la boîte crânienne, car une arête qui limite la voûte de cette boîte, indique exactement le point d'union de l'occipital avec les pariétaux, et un petit méplat triangulaire, par lequel se termine en arrière la crête sagittale, semble représenter la protubérance occipitale de la tête osseuse de l'homme (3). Le suroccipital, un peu rentré sous les pariétaux, n'a qu'une très-faible convexité et une crête fort peu sensible qui, partant du sommet, disparaît totalement avant d'avoir atteint la moitié de sa longueur (4).

Le basi-occipital, ou la portion basilaire de l'occipital, assez large en arrière et notablement échancré (5), se rétrécit en avant et prend une forme presque carrée dans la partie où il est resserré entre les capsules auditives. Sa surface extérieure, légèrement convexe au milieu, est un peu canaliculée sur les côtés, et une imperceptible ligne transversale décèle le point où s'est opérée la réunion de l'occipital avec le sphénoïde. Un très-petit trou, placé au-dessus du condyle, est l'analogue du trou condyloïdien du crâne de l'homme (6).

Les exoccipitaux ou les occipitaux latéraux sont fortement échancrés en avant, de manière à laisser entre eux et le bord postérieur des pariétaux une ouverture (7), qui n'est autre chose que le *trou déchiré postérieur* des anthropotomistes, limité en dessous par une portion qui s'articule avec le temporal. Le bord inférieur des exoccipitaux est profondément divisé, de telle façon qu'une sorte de gouttière sépare une apophyse antérieure très-saillante du condyle. C'est cette apophyse qui, regardée par Cuvier et de Blainville comme mastoïdienne, a reçu de la part de plusieurs anatomistes les noms de paramastoïde et de jugulaire. Les condyles, ou les surfaces articulaires de la tête avec l'atlas, sont allongés, étroits, convexes et un peu obliques de dehors en dedans (8).

La face interne ou cérébrale de l'occipital est à peu près lisse; mais la différence d'épaisseur de l'os dans les diverses parties est très-sensible. Le suroccipital est fort mince dans sa portion supérieure, et le basi-occipital fort épais à sa jonction avec le sphénoïde.

*

Temporal. — La pièce osseuse du crâne de l'homme, que l'on désigne sous le nom de temporal, est, comme on le sait, formée primordialement de plusieurs os, qui restent distincts les uns des autres chez beaucoup de Vertébrés et qui dans un grand nombre de Mammifères ne se soudent pas toujours complétement, même dans l'âge avancé. C'est ainsi que la région temporale est constituée par quatre os, souvent très-nettement séparés dans les premiers temps de la vie : 1° le squamosal que les anthropotomistes nomment la partie écailleuse du temporal; 2° le mastoïde, qui chez l'homme devient la

(1) *Principes d'Ostéologie comparée ou Recherches sur l'Archétype.*
(2) Pl. 3, fig. 5.
(3) Pl. 3, fig. 1c, 3c, 5.
(4) Pl. 3, fig. 5.
(5) Pl. 3, fig. 2c''.
(6) Pl. 4, fig. 2c*.
(7) Pl. 3, fig. 6.
(8) Pl. 3, fig. 5.

portion mastoïdienne ou l'apophyse mastoïde; 3° le tympanique, habituellement désigné par les appellations de caisse, de timbale, de portion tympanique du temporal; 4° le pétrosal, ou rocher, répondant à la portion pierreuse du temporal de la tête de l'homme, os dont le caractère le plus essentiel est de former la capsule du labyrinthe, os d'enveloppe *phanérique* suivant l'expression de Blainville, partie de l'*otocrâne* ainsi que M. Richard Owen appelle la cavité qui reçoit la portion interne de l'appareil auditif.

Chez la Chauve-Souris adulte, la région temporale qui entre dans la constitution de la paroi crânienne est soudée avec les os environnants, de sorte qu'il n'est guère possible d'en déterminer les contours, surtout si l'on n'a pas déjà fait une étude de la tête aux différentes phases de la vie.

Le squamosal (1) est uni de la manière la plus intime avec le pariétal et l'alisphénoïde entre lesquels il est enclavé, longtemps avant que l'animal soit parvenu à l'état adulte. Médiocrement élevé et décrivant une courbe assez faible et peu régulière à sa partie supérieure, c'est-à-dire à son point extrême d'union avec le pariétal, il recouvre cet os sur une surface infiniment plus étendue que chez l'homme et que chez les autres Mammifères. — Ce fait sera démontré dans notre chapitre relatif au développement du système osseux. — Chez les individus qui ne sont plus extrêmement jeunes, le contour du squamosal ne peut être suivi rigoureusement, mais une vague indication en est fournie par son épaisseur qui est beaucoup plus considérable que celle du pariétal. Le squamosal est au contraire nettement limité en arrière, même chez les plus vieux sujets; car revêtant en partie le pétrosal ou rocher, ce dernier apparaît à l'extérieur dans une assez large échancrure (2), circonscrite en avant par le squamosal, en haut par le pariétal, en arrière par l'occipital. Le squamosal, qui est peu convexe, se prolonge en pointe en avant jusqu'à l'extrémité de la fosse temporale, au-dessus de la fente sphéno-orbitaire.

A sa base, un peu en arrière de sa portion moyenne, il s'élargit en se portant en dehors (3); cette partie saillante, presque aplatie, horizontale, offre un rétrécissement brusque à son bord antérieur et se contourne ensuite à la manière d'un S pour se porter en avant. C'est l'apophyse zygomatique (4) qui est légèrement sinueuse, mince, comprimée latéralement et dirigée parallèlement à l'axe longitudinal de la tête, pour s'unir à l'os jugal qui complète l'arcade et rejoindre le maxillaire. Dans l'animal adulte, toutes ces pièces osseuses sont si parfaitement soudées, qu'aucun vestige de suture ne vient déceler le point de réunion entre l'apophyse zygomatique, le jugal et le maxillaire, mais on peut néanmoins en suivre la trace, en considérant le degré d'épaisseur de l'os; tout ce qui appartient au zygomatique est notablement plus mince que ce qui appartient au jugal.

Le squamosal, presque plan dans sa portion basilaire, vers le point où il se soude à l'alisphénoïde, présente à la racine de l'apophyse zygomatique, la surface glénoïde pour l'articulation de la mâchoire inférieure (5). Cette surface, avec son bord antérieur légèrement trilobé, est lisse et à peine concave, ce qui nous empêche de lui donner le nom de cavité, plus ordinairement employé par les anatomistes et surtout par les anthropotomistes. Elle est limitée en arrière par une très-forte apophyse conique (6), contre laquelle s'appuie la surface articulaire de la mâchoire inférieure. Au-dessus, on remarque un petit trou circulaire (7), donnant passage à une veine. Le squamosal s'échancre régulièrement en entourant l'os tympanique et se termine en s'appuyant sur le rocher par une saillie obtuse (8), qui circonscrit en avant l'échancrure dont il a été fait mention.

(1) Pl. 3, fig. 1 *d*, 2*d*, 3*d*, 4*d*.
(2) Pl. 3, fig. 3' *d**.
(3) Pl. 3, fig. 1 *d'*, 2 *d'*.
(4) Pl. 3, fig. 1 *d''*, 3*d''*.
(5) Pl. 3. fig. 2 *d'''*.
(6) Pl. 3, fig. 2 *d'** et 3 *d'**.
(7) Pl. 3, fig. 3 *d''**.
(8) Pl. 3, fig. 2 *d'''** et 3 *d'''**.

L'apophyse inférieure du squamosal, considérée par sa face postérieure (1), s'étend du côté interne, sous la forme d'une petite lame un peu concave en arrière de la surface glénoïde (2), qui s'élargit bientôt de façon à projeter une saillie triangulaire pour s'articuler avec le rocher ou pétrosal. En outre, les bords de l'apophyse encadrent une ouverture considérable (3), qui est l'orifice d'un canal traversant tout le squamosal de bas en haut ainsi que le pariétal. Ce canal, creusé dans l'épaisseur de la paroi du crâne, se manifeste à la face interne ou cérébrale par une saillie qui, comme le canal lui-même, est en continuité avec la principale éminence du pariétal que nous avons signalée (4).

Le mastoïde paraît manquer complétement dans la Chauve-Souris, si, d'après l'usage ordinaire suivi dans les descriptions ostéologiques, on regarde comme faisant défaut, toutes les parties qui ne s'ossifient point. Nous avons indiqué déjà l'échancrure de la paroi cranienne entre le squamosal et l'exoccipital. C'est un espace vide dans les têtes dépouillées de tous leurs tissus mous ou flexibles, mais avant la dénudation complète du squelette, l'espace interosseux est rempli par une lame qui demeure cartilagineuse. Il ne semble pas douteux, d'après l'ensemble de ses connexions, que cette lame ne soit vraiment le mastoïde. On verra dans notre étude du développement du système osseux, que c'est le même cartilage qui chez l'embryon forme toute la région temporale et s'étend sans laisser aucun vide jusqu'au bord de l'occipital.

Le tympanique, qui, chez les Mammifères en général, se soude de bonne heure avec la portion du pétrosal qu'on nomme la caisse, demeure toujours parfaitement isolé chez la Chauve-Souris, même dans les plus vieux individus (5). Cette pièce, que l'on trouve ordinairement désignée dans les ouvrages d'anatomie, sous les noms de caisse, de timbale (6), de cercle ou de cadre du tympan, a la forme d'un segment de cercle, enchâssé dans la portion voûtée de la base du squamosal, en arrière de l'apophyse glénoïde.

Le tympanique de la Chauve-Souris semble formé de deux parties complétement soudées, et néanmoins très-reconnaissables à l'épaisseur bien différente de l'os (7). On distingue un premier cercle extérieur qui constitue le cadre du tympan, le véritable tympanique, et se joint au squamosal par ses deux branches supérieures. Les deux branches ne se touchent point à leur sommet; elles laissent entre elles un intervalle bien sensible; de la sorte, le cadre osseux demeure incomplet dans sa portion supérieure, l'anneau reste ouvert sur une petite étendue (8). La branche antérieure, appuyée dans l'angle formé par le squamosal et son apophyse glénoïde, se recourbe à son extrémité et finit en pointe surbaissée. La branche postérieure, au contraire, est droite et touche par son extrémité même, le bord du squamosal. Les deux portions montantes du cercle sont grêles, mais il y a élargissement graduel vers le bas.

Le second cercle, ou la partie mince et interne qui est en réalité la caisse, se sépare du cadre extérieur vers le haut, de manière à former au sommet du bord antérieur aussi bien que du bord postérieur une ou deux dentelures bien prononcées. Ce second cercle, sans rétrécissement marqué de bas en haut et beaucoup plus large que le premier, offre avec celui-ci une surface lisse et bien unie; sa transparence, due à son extrême minceur, permet seule d'en suivre le contour.

Le tympanique considéré dans son ensemble présente, surtout en dessous, l'aspect d'une vaste ampoule, *bulla ossea*, qui recouvre en grande partie le limaçon, s'appuie en avant contre l'alisphé-

(1) Pl. 3, fig. 2 *d'*.
(2) Pl. 3, fig. 2 *d''* et 4 *d''*.
(3) Pl. 3, fig. *d'''*.
(4) Page 8. — Ce canal, creusé dans la paroi cranienne, a déjà été indiqué par Cuvier, ainsi que son orifice, auquel il donne le nom de trou glénoïdien. *Leçons d'anat. comparée*, 2e édit., t. II.
(5) Pl. 3, fig. 2 *r*, fig. 3 *r*, fig. 6.
(6) *Paucke* des anatomistes allemands.
(7) Pl. 3, fig. 7.
(8) Pl. 3, fig. 3 *r*, fig. 6 et 7.

noïde et le squamosal et en arrière sur le pétrosal. Vers la région postérieure, son bord s'échancre légèrement de façon à embrasser exactement le limaçon et une partie du rocher, et en avant au-dessus du sphénoïde, il présente une petite échancrure profonde et régulièrement arquée (1); c'est l'orifice de la trompe d'Eustache.

La face interne du tympanique est divisée en deux parties nettement délimitées (2); la face externe étant parfaitement unie, malgré la différence considérable d'épaisseur entre la portion que nous avons distinguée comme figurant un premier cercle extérieur et celle qui constitue un second cercle, cette différence devait se manifester par une saillie sur l'autre face. C'est en effet ce qui a lieu; le cercle extérieur, un peu concave, offre un rebord élevé brusquement au-dessus de la partie mince, le cercle interne.

D'après l'observation de la tête de la Chauve-Souris adulte, on est conduit à reconnaître que le cercle externe seul, est le tympanique, c'est-à-dire l'homologue de cet anneau grêle formant le cadre du tympan, qui, distinct chez beaucoup de jeunes Mammifères ainsi que dans l'embryon humain, est soudé au rocher chez les individus plus avancés en âge. Le cercle interne serait vraiment alors la portion du pétrosal, ou rocher, plus particulièrement désignée d'ordinaire sous le nom de caisse, qui s'en trouverait détachée dans les Chiroptères et seulement unie au tympanique. Mais en s'appuyant de la considération exclusive de l'animal adulte, il ne paraît guère possible de donner une démonstration péremptoire du fait. Nous croyons ainsi devoir remettre à le discuter au chapitre consacré au développement du système osseux.

Le pétrosal, ou rocher, conserve la plupart de ses connexions ordinaires, tout en demeurant détaché du squamosal; à aucune époque de la vie, il ne s'opère aucune réunion intime entre ces parties. Il est remarquable de trouver chez les Chauves-Souris, où toutes les pièces de la tête osseuse se confondent dès le jeune âge, une exception complète à l'égard des pièces qui entrent dans la constitution de l'appareil auditif.

Le pétrosal a peu d'étendue et revêt en partie le labyrinthe osseux avec lequel il se confond jusqu'au point de rendre très-difficile la distinction de la portion enveloppante et de la portion enveloppée. L'observateur est un peu guidé dans cette recherche par le caractère de la structure; mais encore, ce caractère assez manifeste chez certains Chiroptères, les Rhinolophes par exemple, est-il beaucoup moins sensible chez les Vespertilions. Le tissu osseux du labyrinthe et du limaçon est beaucoup plus compacte que celui de la partie de revêtement, dont on aperçoit souvent la porosité. M. Hyrtl a mentionné d'une manière générale les caractères microscopiques du pétrosal et du labyrinthe osseux (3). Nous nous occuperons de ce sujet en traitant de la structure des différentes pièces du squelette. C'est surtout à l'étude du développement embryonnaire qu'il faudra recourir pour mettre les faits absolument en évidence, car dès le moment de la naissance, le pétrosal et la portion osseuse de l'organe de l'ouïe ne forment plus qu'une seule pièce pouvant être détachée du crâne avec la plus grande facilité (4).

Chez la Chauve-Souris, l'enveloppe de l'oreille interne reste en grande partie cartilagineuse, elle ne s'ossifie que sur un espace très-limité. Le pétrosal considéré comme pièce osseuse devient ainsi presque rudimentaire. La caisse, on le sait, en est complétement détachée avec le tympanique, ce cercle ou cadre du tympan qui dans la plupart des Mammifères n'est isolé que chez les embryons ou les très-jeunes individus.

(1) Pl. 3, fig. 2 r'. (2) Pl. 3, fig. 7.

(3) *Vergleichend-anatomische Untersuchungen über das innere Gehörorgan des Menschen und der Säugethiere*, s. 96. Prag. (1845).

(4) Pl. 3, fig. 6.

Le limaçon dont le développement est énorme dans le Vespertilion, car il fait une saillie considérable à la base du crâne, se trouve, de même que le labyrinthe, entièrement à découvert dans la cavité latérale de la tête osseuse, lorsque celle-ci a été dépouillée de toutes les parties molles ou cartilagineuses (1). Au reste, les Insectivores et les Rongeurs nous offriront des intermédiaires entre les types où l'oreille interne n'est pas enveloppée par un pétrosal ossifié et ceux où elle est logée en totalité dans cette portion du temporal dite pierreuse.

Le pétrosal osseux de la Chauve-Souris, à l'exclusion de la caisse, paraît être réduit à une petite lame, apparente dans l'échancrure circonscrite par le squamosal, le pariétal et l'exoccipital (2). Cette lame décrivant à son sommet une courbe faible et régulière, s'appuie d'une part contre la face interne du squamosal et d'autre part contre la paroi de l'exoccipital. Elle encroûte la portion basilaire et externe du labyrinthe. Son bord inférieur, notablement marqué, présente une apophyse descendante, qui se voit près de l'extrémité postérieure du squamosal (3) et, au-dessous de l'origine de l'arc antérieur du labyrinthe, une apophyse plus longue que la première, adossée au bord postérieur de la lame interne dérivant de l'apophyse glénoïdienne (4). Tout ce bord inférieur du pétrosal, avec ses apophyses, est en saillie sur la portion supérieure du limaçon; il circonscrit de la sorte un large canal, répondant à l'aqueduc de Fallope de l'anthropotomie.

Le limaçon est dépourvu de toute enveloppe osseuse, et sa portion correspondante au promontoire du rocher, chez l'Homme et chez beaucoup de Mammifères, offre les deux ouvertures qui représentent la fenêtre ronde et la fenêtre ovale, ou, comme Cuvier appelle très-judicieusement ces orifices dont la forme est extrêmement variable suivant les types, la fenêtre cochléaire et la fenêtre vestibulaire. La fenêtre cochléaire qui est dirigée en arrière, bien loin d'être ronde comme chez l'Homme, a l'apparence d'une petite fissure fort étroite (5). La fenêtre vestibulaire, située à une assez grande distance de la précédente et un peu en avant, est arrondie et très-petite (6), à peu près comme une piqûre d'aiguille, ainsi que le remarque un auteur (7).

Mais ce n'est point ici que nous devons faire la description des parties appartenant en propre à l'oreille interne. Cette description trouvera sa place naturelle dans le chapitre concernant l'appareil de l'ouïe.

Détermination des pièces temporales. — Lorsqu'il s'agit d'un Mammifère, on ne songe guère au premier abord, qu'il puisse se produire aucune hésitation pour déterminer d'une manière sûre les différentes pièces de la tête osseuse. Les auteurs fort nombreux, qui ont écrit sur l'ostéologie, n'ont témoigné nul embarras, et ils ont passé légèrement sur les points où l'attention avait le plus besoin d'être arrêtée.

Ce sont chez les Mammifères, en général, les mêmes parties que dans la tête de l'Homme, et ces parties sont en même nombre. Pour établir le fait, il n'est besoin que de considérer les êtres à une époque déterminée de leur existence. Voilà sur ce sujet l'expression fort juste de la science actuelle, magnifique résultat obtenu par une multitude d'observations comparatives. Malgré tout, la réalité est que, même dans l'étude de certains Mammifères appartenant à des types qui se rapprochent à beaucoup d'égards de l'être dont l'organisation est la plus parfaite et la mieux connue, on peut encore rester en présence d'incertitude, rencontrer des difficultés lorsqu'on veut pénétrer dans tous les détails. Les dif-

(1) Pl. 3, fig. 2 *x* et fig. 4 *x*.

(2) Pl. 3, fig. 3.

(3) Pl. 3, fig. 2 *f* et fig. 8'.

(4) Pl. 3, fig. 2 *f'* et fig. 8''.

(5) Pl. 3, fig. 3* et fig. 8*.

(6) Pl. 3, fig. 3'* et fig. 8'*.

(7) Ed. Hagenbach. *Die paukenhöhle der Säugethiere*, s. 36. Leipzig (1835).

ficultés se présentent à l'égard de la détermination ou de l'identification des pièces temporales. Non-seulement, les auteurs des traités d'anatomie comparée, mais aussi les naturalistes qui se sont occupés plus spécialement de quelques types, des Chauves-Souris, notamment, ont glissé rapidement sur les points de nature à être discutés.

De Blainville donne, dans la partie de son ouvrage consacrée aux Chiroptères (1), une description des différentes pièces de la tête osseuse de ces animaux, et cette description est toute superficielle. Elle n'est accompagnée d'aucune démonstration, d'aucune comparaison, d'aucune discussion, relativement aux faits qui ne sont pas bien établis.

A l'égard du squamosal, ou la partie écailleuse du temporal, il ne peut exister le moindre désaccord. Les formes de la pièce, sa position, ses connexions si caractéristiques ne laissent place à aucun doute, ne permettent aucune erreur. Il en est autrement pour le mastoïde, pour le tympanique, pour le pétrosal.

Cuvier regarde la saillie antérieure de l'exoccipital, comme homologue de l'apophyse mastoïde de la tête humaine (2). Dans la pensée de l'auteur du *Règne animal*, la portion mastoïdienne ne dépend du temporal que dans l'Homme et les Singes; elle appartient à l'os occipital dans tous les autres Mammifères. Cuvier conserve cette opinion et ne s'attache à la justifier dans aucun de ses écrits. En dernier lieu, il s'exprime ainsi en parlant des os du crâne des Chiroptères : « Il y a, en outre, à l'occipital, » entre l'oreille et le condyle, cette apophyse pointue qui remplace dans la plupart des animaux, » l'apophyse mastoïde de l'Homme » et « que nous appelons paramastoïde, » ajoutent les éditeurs de la seconde édition des *Leçons d'anatomie* comparée, MM. F. Cuvier et Laurillard. Ces derniers n'admettent donc pas l'assimilation admise par l'illustre zoologiste, néanmoins ils ne la discutent en aucune façon.

De Blainville, au contraire, adopte sans réserve l'opinion de Cuvier. Dans son étude spéciale de l'ostéologie des Chiroptères (3), il décrit l'occipital comme offrant « une crête sagittale très-prononcée, » fortement rétroverse, et se joignant obliquement à des mastoïdiens en crête élargie et excavée en » dessous. »

D'un autre côté, depuis longtemps déjà, les anatomistes repoussent l'interprétation de l'auteur des *Recherches sur les ossements fossiles*, et ne veulent voir dans l'apophyse de l'occipital, qu'ils désignent par les noms de *paramastoïde* et de *jugulaire*, qu'une partie essentielle de l'occipital, plus ou moins saillante suivant les types, mais nullement homologue de l'apophyse mastoïde de la tête humaine (4).

M. Richard Owen insiste mieux que ses prédécesseurs pour établir que cette apophyse « *mastoïdienne* dans sa forme, est développée de l'exoccipital et représentée dans le crâne humain par l'*eminentia aspera* de Sömmering et par la surface convexe où se fixe le grand droit latéral de Bichat (5). » Il ajoute qu'il ne faut pas confondre cette apophyse inconstante qui répond au paroccipital avec l'apophyse jugulaire qui est constante dans l'Homme (6). » Notre étude du développement du système osseux dans la Chauve-Souris, montrera en effet que l'apophyse dite *paramastoïde*, est bien, en réalité,

(1) *Ostéographie*, partie V, *Chiroptères*, p. 5 et 6.

(2) *Leçons d'anatomie comparée*, t. II, p. 27, etc. (an VIII.) — Voyez aussi *Recherches sur les ossements fossiles*, t. I, p. 287. (1821), et t. IV, p. 208 (1823), la description de la tête des Carnassiers.

(3) *Ostéographie*, partie V, p. 4.

(4) Voyez Duvernoy in Cuvier, *Leçons d'anatomie comparée*, deuxième édition, t. IV, part. I, p. 483 (1837). — Halmann, *Vergleichende Osteologie des Schläfenbeines*, s. 7, Hannover (1837). — Stannius, *Lehrbuch der Vergleichende Anatomie*. Bd. II (1845). — Traduction par Lacordaire et Spring, t. II, p. 395. — Straus-Durckheim, *Anatomie descriptive et comparative du Chat*. T. I. p. 410 (1845), etc.

(5) *Traité d'anatomie descriptive*, t. I, p. 26 (1801).

(6) *Principes d'anatomie comparée* ou *Recherches sur l'Archétype*, p. 65-66. Paris (1855).

le paroccipital, ce démembrement de l'exoccipital qui demeure toujours distinct chez certains Vertébrés, les Tortues, par exemple.

Or, après cette exclusion, on chercherait en vain dans les ouvrages de tous les auteurs qui se sont plus ou moins occupés de l'ostéologie des Chiroptères, dans quelle partie de la région temporale ils reconnaissent le mastoïde. Les auteurs d'une faune de la Bavière, MM. Gemminger et Fahrer (1), seuls jusqu'ici, pensons-nous, disent nettement dans une courte description du squelette des Chauves-Souris, que l'apophyse mastoïde manque, et qu'à sa place se montre un enfoncement plan, limité d'un côté par une proéminence située en arrière de la caisse tympanique et de l'autre côté, par une saillie de l'occipital. C'est l'échancrure qui existe entre le squamosal et l'exoccipital. Nous sommes donc d'accord avec ces auteurs sur la position du mastoïde, mais MM. Gemminger et Fahrer paraissent croire que cette portion du crâne manque absolument, tandis que, pour nous, c'est la condition histologique ordinaire, seule, qui fait défaut. Le mastoïde existe, conservant ses rapports habituels avec le squamosal; mais il n'est pas ossifié, il reste à l'état cartilagineux.

Dans la comparaison du squelette des Vertébrés, souvent on s'en rapporte trop à la condition histologique. Tout ce qui n'a pas pris le caractère d'os cesse en général, par le fait même, d'être l'objet de l'attention des observateurs. C'est là certainement une faute grave, comme on le verra plus d'une fois, quand nous avancerons dans notre étude. On suppose l'absence d'une partie, lorsque cette partie qui existe en réalité, mais sans être ossifiée, a disparu entièrement par la macération à laquelle les os ont été soumis.

Ce n'est pas seulement le mastoïde qui, chez les Chauves-Souris, a été peu étudié jusqu'ici par les anatomistes. Dans les divers traités d'anatomie comparée, partout où il est question de la région temporale des Chiroptères, les pièces dépendantes de l'appareil de l'ouïe sont simplement citées pour leur grand développement, pour la facilité avec laquelle elles se détachent du crâne. Nulle distinction entre le pétrosal, ou rocher, et le labyrinthe osseux; nulle distinction encore entre le tympanique, ou le véritable cadre du tympan et la caisse (2).

De Blainville, ici auteur spécial, mentionne le rocher des Chiroptères, déclarant qu'il regarde cette partie comme un *os d'enveloppe phanérique*, et il ne semble pas même s'apercevoir que le labyrinthe osseux n'est pas enveloppé (3).

Les anatomistes qui se sont adonnés à l'étude particulière des pièces osseuses de l'oreille, comparées dans les différents types de la classe des Mammifères, ne se préoccupent guère davantage de l'arrêt de développement du rocher, ou pétrosal, chez les Chauves-Souris.

L'auteur d'un intéressant travail sur l'oreille interne, M. Ed. Hagenbach (4), se contente de citer les Chiroptères pour les proportions de la caisse, qu'il appelle du nom de capsule tympanique (5) et pour la forme caractéristique du limaçon.

A la vérité, M. Hyrtl, dans ses belles recherches sur l'appareil auditif de l'Homme et des Mammifères (6) constate mieux les faits : « La cavité tympanique (7), dit-il, est petite dans toutes les

(1) *Fauna Boica. — Die Ordnungen, Familien und Gattungen der Säugethiere*, s. 7 (1856-1857). — Il n'a paru que quelques livraisons de cet ouvrage.

(2) Voyez Cuvier, *Leçons d'anatomie comparée*, t. II. — Meckel, *System der Vergleichenden Anatomie*, zw. Theil, zw. Abtheil, s. 601, etc.

(3) *Ostéographie*. — part. V, Chiroptères, p. 5.

(4) *Die Paukenhöhle der Säugethiere*, s. 10, 35, etc. Leipzig (1835).

(5) Paukenkapsel, c'est-à-dire capsule de la caisse, *bulla ossea*.

(6) *Vergleichend-anatomische Untersuchungen über das innere Gehörorgan des Menschen und der Säugethiere*, s. 9, Prag. (1845).

(7) Paukenhöle.

» Chauves-Souris, et la *bulla ossea* (la caisse et le tympanique), mince et transparente chez les petites » espèces, est détachée du crâne et ne s'unit à l'écaille que dans un âge avancé. De la sorte, l'oreille » interne ne se trouve pas enveloppée en dessous par une paroi osseuse. » L'éminent professeur de Vienne ajoute que, dans les Rhinolophes, le *promontoire* seulement étant recouvert d'une lame osseuse, le limaçon est *préparé* tout naturellement. De ces observations, en général fort exactes, on arrive facilement à conclure que le pétrosal, ou rocher, est à l'état rudimentaire chez les Chauves-Souris. Mais M. Hyrtl, n'ayant pas pour objet essentiel l'étude des parois osseuses, se borne aux indications qui viennent d'être rapportées.

Ces citations, qu'on pourrait multiplier, suffisent à faire comprendre de quelle façon l'ostéologie des Chiroptères a été envisagée, et c'est là tout ce qui est nécessaire. Il ne s'agit pas ici de critiquer des auteurs, le progrès de la science n'y est pas intéressé, mais de montrer l'état des connaissances acquises sur certains points importants.

Dans l'étude de la région temporale des Chiroptères, on ne saurait sans doute se livrer à un examen trop minutieux. La précision des détails anatomiques, cependant très-essentielle dans la plupart des circonstances, ne doit pas être seule en cause. Le naturaliste a besoin de reconnaître les plus petites particularités; c'est le premier degré de la recherche, mais c'est pour en déterminer ensuite la signification et de là arriver à de plus hautes considérations. Ne faut-il pas se préoccuper des modifications que certainement éprouvent les fonctions organiques quand leurs instruments sont modifiés? Lorsque, chez certains animaux, l'oreille interne est enveloppée par une simple tunique cartilagineuse, tandis que chez une foule d'autres elle est complétement engagée dans une masse osseuse compacte, il y a évidemment des conditions particulières pour la perception des sons. De là, dans le phénomène de l'audition, des différences inévitables qu'on n'a pas même encore soupçonnées. C'est ce que nous aurons dans la suite à étudier d'une manière approfondie.

En ce qui concerne exclusivement l'état des pièces temporales de la Chauve-Souris, nous arrivons à résumer ainsi les faits. — Le squamosal a les formes générales et les connexions ordinaires de cette pièce; le mastoïde ne consiste qu'en une lame cartilagineuse; le pétrosal, ou rocher, est à l'état rudimentaire et représenté seulement par une lame osseuse encroûtant une petite partie de la face extérieure du labyrinthe vers la région qu'on nomme le promontoire, et par la caisse qui est détachée et simplement adhérente au squamosal; le tympanique, ou cadre du tympan, est soudé à la caisse et demeure néanmoins distinct.

L'étude du développement permettra d'achever la démonstration qui reste incomplète lorsque l'on s'en tient à la considération de l'animal adulte. On verra, pendant la période embryonnaire, le tympanique se constituant avant la caisse, le pétrosal rudimentaire n'apparaissant qu'après la formation du labyrinthe osseux et en encroûtant peu à peu la faible portion que nous avons désignée.

*

Otostéaux ou *Osselets auditifs.* — Les osselets de l'appareil auditif ne pouvant être considérés comme partie du squelette, ce n'est point ici que doit se trouver leur description détaillée; cette description a sa place naturelle dans le chapitre relatif à l'appareil de l'ouïe. Seulement, à cause de la relation de ces osselets avec l'os tympanique, il n'est pas inutile d'indiquer en ce moment leur exacte situation.

Chez la Chauve-Souris, les trois osselets ordinaires, le marteau, l'enclume et l'étrier, sont en grande partie logés dans l'échancrure supérieure du cercle tympanique (1).

(1) Pl. 3, fig. 3 r'.

ORDRE DES CHIROPTÈRES. *CHIROPTERA.*

FAMILLE DES VESPERTILIONIDES. *VESPERTILIONIDÆ.*

GENRE VESPERTILION. *VESPERTILIO.* LINNÉ.

SYSTÈME OSSEUX. — (VESPERTILIO MURINUS Schrebers. — La *Chauve-Souris ordinaire*, d'Europe.)

Squelette vu par sa face antérieure, d'un tiers environ au-dessus de la grandeur naturelle.

1, tête. — 2, vertèbres cervicales. — 3, vertèbres dorsales, au nombre de treize. — 4, vertèbres lombaires, au nombre de six. — 5, vertèbres sacrées, au nombre de trois. — 6, vertèbres caudales. — 7, sternum. — 8, clavicule. — 9, omoplate. — 10, humérus. — 10', cubitus. — 10'', radius. — 10*, os du carpe. — 10*', os du métacarpe, suivis des phalanges digitales. — 11, ilions. — 12, pubis. — 13, ischions. — 14, fémur. — 14', tibia. — 14'', péroné. — 14*, os du tarse. — 14*', os du métatarse, suivis des phalanges digitales.

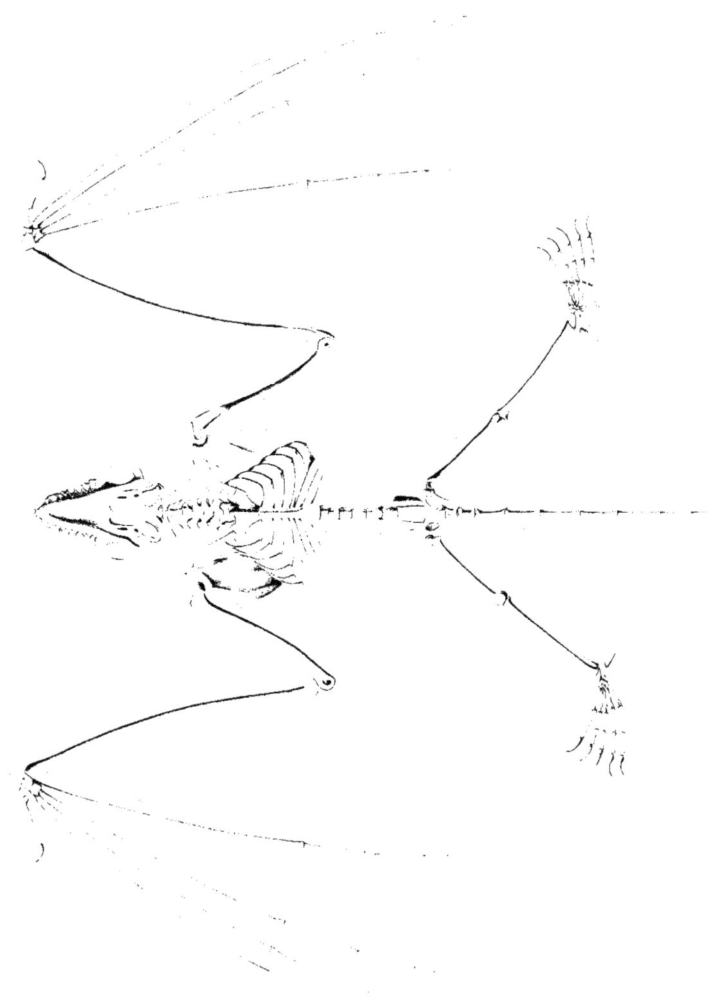

ORDRE DES CHIROPTÈRES. *CHIROPTERA.*

FAMILLE DES VESPERTILIONIDES. *VESPERTILIONIDÆ.*

GENRE VESPERTILION. *VESPERTILIO.* LINNÉ.

SYSTÈME TÉGUMENTAIRE. — (VESPERTILIO MURINUS Schrebers. — La *Chauve-Souris ordinaire* d'Europe.)

FIG. 1. Coupe verticale d'une portion de la peau du dos (vue sous un très-fort grossissement) montrant l'implantation des poils.

a, épiderme. — *b*, derme. — *c*, portion inférieure du derme. — *d*, poils. — *e*, leur gaîne. — *f*, bulbe. — *g*, muscle de l'horripilation.

FIG. 2. Poil isolé, très-grossi.

FIG. 3. Portion de la peau, vue par sa surface sous un très-fort grossissement.

a, épiderme. — *b*, derme dépouillé de l'épiderme. — *c*, poil coupé au ras de la peau. — *d*, canal médullaire. — *e*, tunique interne. — *f*, tunique externe. — *g*, bulbe. — *h*, portion de la peau d'où le poil a été détaché sans entraîner ses enveloppes.

FIG. 4. Poils de la région dorsale.

FIG. 5. Poils de la région ventrale.

a, poils ordinaires. — *b*, poil blanc, plus gros que les autres. — *c*, duvet.

FIG. 6. Portion basilaire d'un poil entièrement dépouillé de ses enveloppes.

FIG. 7. Cuticule d'un poil vue extérieurement, détachée dans l'étendue de l'une des annulations.

FIG. 8. Cuticule d'un poil divisée longitudinalement par la moitié et vue par la face interne.

FIG. 9. Portion de la cuticule montrant la séparation des lamelles.

FIG. 9*. Lamelles séparées les unes des autres.

FIG. 10. Portion d'un poil dépouillé de sa cuticule.

a, canal médullaire.

FIG. 11. Épiderme de la membrane alaire, vue sous un grossissement d'environ 350 diamètres.

FIG. 12. Portion du même épiderme, sous un grossissement plus considérable.

ORDRE DES CHIROPTÈRES. *CHIROPTERA.*

FAMILLE DES VESPERTILIONIDES. *VESPERTILIONIDÆ.*

GENRE VESPERTILION. *VESPERTILIO.* LINNÉ.

SYSTÈME MUSCULAIRE. — (VESPERTILIO MURINUS Schrebers. — La *Chauve-Souris ordinaire* ou *Chauve-Souris murin*, d'Europe.)

Individu vu par sa face antérieure, d'un tiers environ au-dessus de la grandeur naturelle.

b, muscle sous-maxillo-auriculaire. — *b**, auriculaire postérieur. — *f***, labial ou orbiculaire des lèvres. — *g*, masseter. — *g''*, digastrique. — *g**, mylo-hyoïdien. — *j*, sterno-hyoïdien. — *j''*, sterno-thyroïdien. — *k*, peaucier du cou. — *k'*, sterno-mastoïdien. Celui du côté droit a été coupé sur une grande partie de sa longueur, pour mettre en évidence les muscles situés en arrière. — *k''*, grand droit antérieur de la tête. — *k'**, splenius. — *m*, grand pectoral; portion sternale. — *m'*, grand pectoral; portion claviculaire. — *m''*, grand pectoral; portion costale. — *m**, grand dentelé. — *n*, trapèze; portion dorsale. — *n'*, trapèze; portion cervicale. — *n'''*, grand dorsal. — *n***, angulaire de l'omoplate. — *p*, biceps brachial. — *p'* coraco-brachial. — *p**, triceps brachial. — *q*, grand palmaire. — *q'*, fléchisseur des doigts. — *q**, extenseur des doigts. — *t*, grand oblique de l'abdomen. — *t'*, petit oblique. — *t'''*, grand doigt. — *x*, grand fessier. — *x'**, adducteur de la cuisse. — *x''**, deuxième adducteur de la cuisse. — *y*, biceps crural. — *y'*, demi-tendineux. — *y''*, demi-membraneux. — *y**, couturier. — *y***, triceps crural.

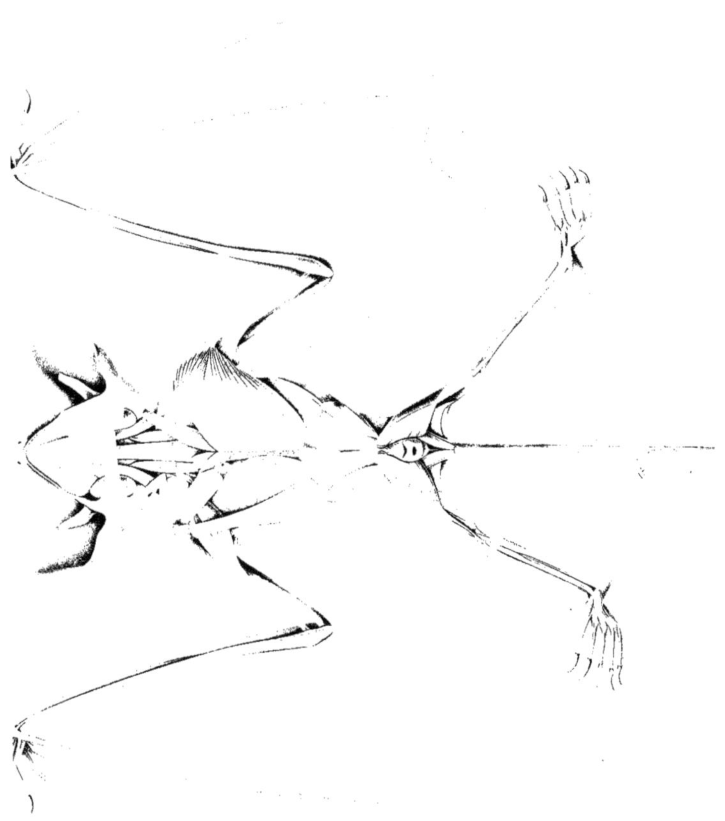

ORDRE DES CHIROPTÈRES. *CHIROPTERA.*

FAMILLE DES VESPERTILIONIDES. *VESPERTILIONIDÆ.*

GENRE VESPERTILION. *VESPERTILIO.* LINNÉ.

SYSTÈME MUSCULAIRE. — (VESPERTILIO MURINUS Schrebers. — La *Chauve-Souris ordinaire* ou *Chauve-Souris murin*, d'Europe.)

Individu vu par sa face postérieure, d'un tiers environ au-dessus de la grandeur naturelle.

a, occipital. — *a'*, frontal. — *a''*, pyramidal. — *b'*, auriculaire antérieur. — *i*, muscle alaire. — *k'*, sterno-mastoïdien. — *k'**, splenius. — *k''**, grand complexus. — *m**, grand dentelé. — *n*, trapèze; portion dorsale. — *n'*, trapèze; portion cervicale. Celui du côté droit a été coupé pour mettre en évidence le rhomboïde et l'angulaire de l'omoplate. — *n'''*, grand dorsal. — *n**, rhomboïde. — *n***, angulaire de l'omoplate. — *o*, deltoïde. — *o''*, sous-épineux. — *o**, grand-rond. — *p'*, coraco-brachial. — *p**, triceps brachial. — *t''*, transverse de l'abdomen. — *x*, grand fessier. — *x''*, petit fessier. — *x'''*, pyramidal. — *x***, carré crural. — *y***, triceps crural.

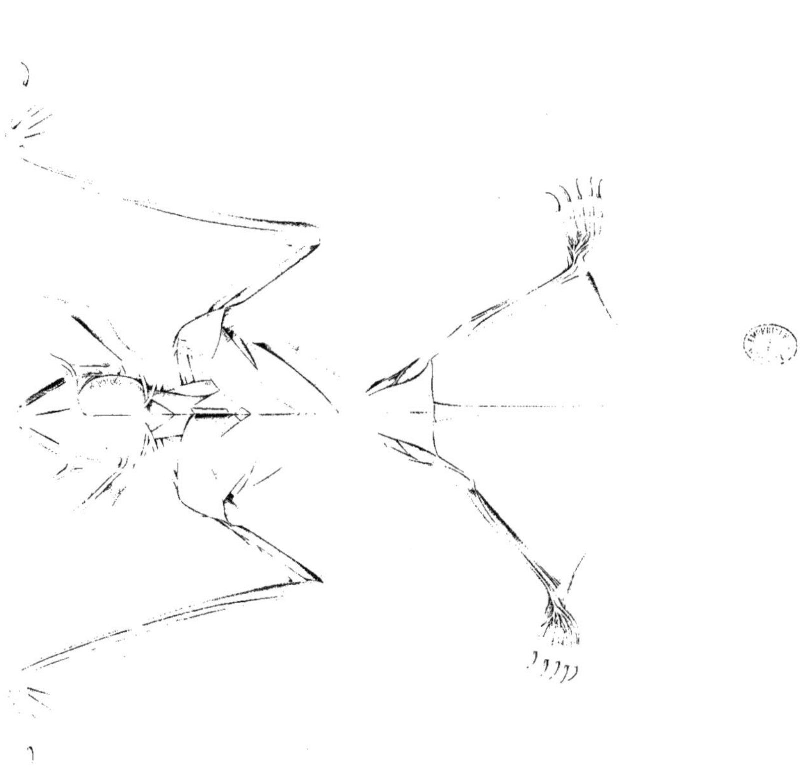

ORDRE DES PRIMATES. *PRIMATES.*

FAMILLE DES TARSIDES. *TARSIDÆ.*

GENRE TARSIER. *TARSIUS.* STORR.

SYSTÈME OSSEUX. — (TARSIUS SPECTRUM Geoffroy. — *Lemur spectrum* Pallas. — *Tarsius Fischeri* Burmeister. — De l'île de Luçon.) (1).

Squelette d'un individu femelle, de grandeur naturelle.

1, tête. — 2, vertèbres cervicales. — 3, vertèbres dorsales, au nombre de treize. — 4, vertèbres lombaires, au nombre de six. — 5, vertèbres sacrées, au nombre de trois. — 6, vertèbres caudales. — 7, sternum. — 8, clavicule. — 9, omoplate. — 10, humérus. — 10', cubitus. — 10'', radius. — 10*, os du carpe. — 10*', os du métacarpe, suivis des phalanges digitales. — 11, ilions. — 12, pubis. — 13, ischions. — 14, fémur. — 14', tibia. — 14'', péroné soudé par sa partie inférieure avec le tibia. — 14*, os du tarse. — 14*', os du métatarse, suivis des phalanges digitales.

(1) Cette figure a été exécutée d'après un squelette communiqué par M. Édouard Verreaux. Ce squelette fait partie actuellement du musée d'histoire naturelle de Lisbonne.

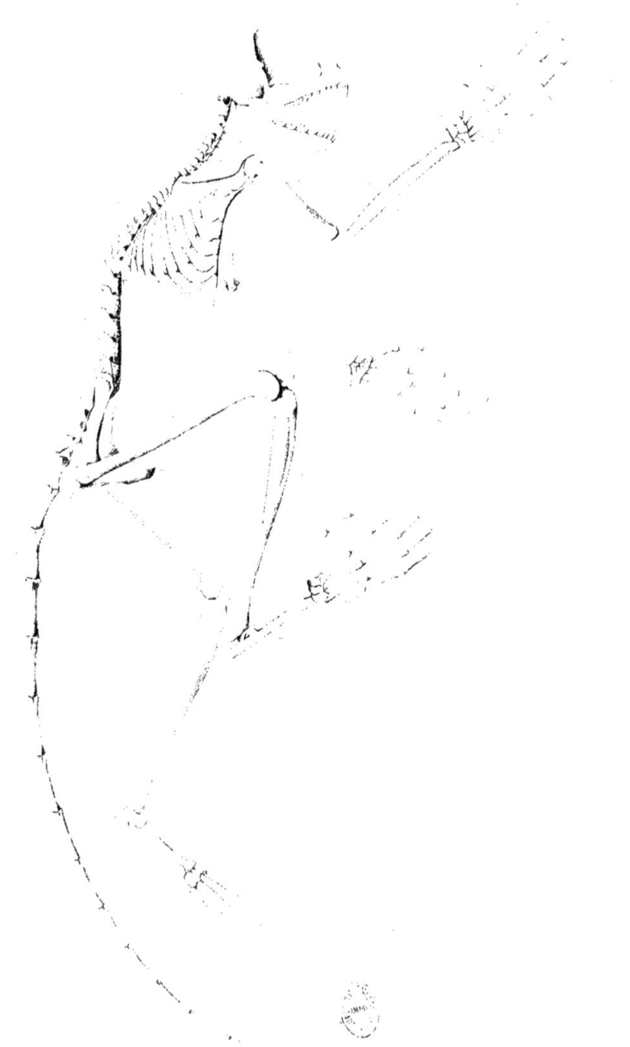

ORDRE DES PRIMATES. *PRIMATES.*

FAMILLE DES TARSIDES. *TARSIDÆ.*

GENRE TARSIER. *TARSIUS.* STORR.

SYSTÈME OSSEUX. — (TARSIUS SPECTRUM Geoffroy. — *Lemur spectrum* Pallas. — *Tarsius Fischeri* Burmeister. — De l'île de Luçon.) (1).

FIG. 1. Tête vue en dessus.

FIG. 2. La même vue en dessous.

FIG. 3. La même vue de face.

FIG. 4. Maxillaire inférieur.

FIG. 5. Tête vue de profil.

FIG. 6. Maxillaire inférieur.

Les lettres suivantes désignent ainsi les différentes parties de la tête :

a, frontal. — *b*, pariétal. — *c*, temporal. — *c'*, arcade zygomatique. — *d*, mastoïde. — *e*, occipital supérieur (suroccipital Owen). — *e'*, occipitaux latéraux (exoccipitaux). — *e''*, occipital inférieur (basioccipital). — *g*, nasaux. — *h*, maxillaire supérieur. — *i*, intermaxillaire. — *k*, lacrymal. — *l*, jugal. — *n*, palatins. — *o*, ptérygoïdiens. — *q*, sphénoïde. — *r*, tympanique.

FIG. 7. Squelette vu par sa face dorsale.

1, tête. — 2, vertèbres cervicales. — 3, 3, vertèbres dorsales. — 4, vertèbres lombaires. — 5, vertèbres sacrées. — 6, vertèbres caudales. — 7, sternum. — 8, clavicule. — 9, omoplate. — *, acromion. — **, apophyse coracoïde. — 10, ilions. — 12, pubis. — 13, ischions. — *c*, fosse cotyloïde.

FIG. 8. Le même squelette vu par sa face ventrale.

FIG. 9. Carpe très-grossi.

a, scaphoïde. — *b*, os accessoire. — *c*, semi-lunaire. — *d*, pyramidal. — *e*, pisiforme. — *f*, trapèze. — *g*, trapézoïde. — *h*, grand os. — *i*, unciforme.

FIG. 10. Tarse très-grossi.

a, extrémité du calcanéum. — *b*, extrémité du scaphoïde. — *c*, *d*, *e*, cunéiformes. — *f*, cuboïde.

FIG. 11. Tête d'un individu nouveau-né vue en dessus, un peu grossie.

FIG. 12. La même vue en dessous.

FIG. 13. Maxillaire inférieur.

FIG. 14. Tête du même nouveau-né vue de profil.

FIG. 15. Maxillaire inférieur.

Les différents os sont désignés par les mêmes lettres que sur les figures 1, 2, 3 et 5.

(1) Les figures 1 à 10 ont été exécutées d'après un squelette (mâle adulte) du cabinet d'anatomie comparée du Muséum d'histoire naturelle; les figures 11 à 15, d'après une tête communiquée par MM. Verreaux frères. Cette tête a été tirée de la peau d'un nouveau-né apporté avec sa mère, dont le squelette est représenté pl. 21.

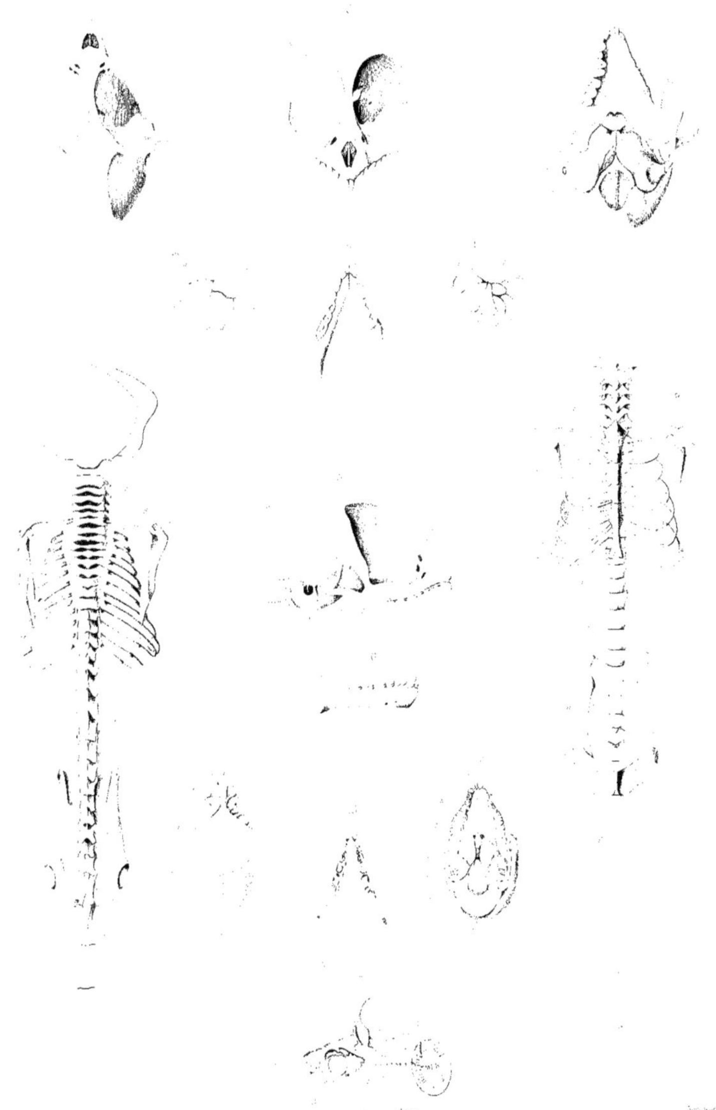

www.ingramcontent.com/pod-product-compliance
Ingram Content Group UK Ltd.
Pitfield, Milton Keynes, MK11 3LW, UK
UKHW021029180726
13838UKWH00004B/1688

9 782329 415567